高喷插芯组合桩承载性能与计算分析

任连伟　著

中国建筑工业出版社

图书在版编目（CIP）数据

高喷插芯组合桩承载性能与计算分析/任连伟著．—北京：中国建筑工业出版社，2013.12

ISBN 978-7-112-16038-9

Ⅰ．①高… Ⅱ．①任… Ⅲ．①组合桩-承载力-工程分析 Ⅳ．①TU473.1

中国版本图书馆 CIP 数据核字（2013）第 259346 号

高喷插芯组合桩（简称 JPP 桩）是一种新型的组合桩，由高压旋喷水泥土桩和预应力管桩芯桩组合而成，具有承载力高、施工速度快、造价低等优点。JPP 桩综合了预应力管桩强度高、刚度大和高压旋喷桩侧摩阻力大、穿透能力强的优点，使两种桩型的优势充分发挥，从而可以达到甚至超过同直径预应力管桩承载效果的目的。

本书对 JPP 桩的荷载传递机理、承载力计算方法以及构造组合优化等方面通过试验研究、数值模拟以及理论分析等方法进行了研究。通过足尺模型试验研究了 JPP 单桩和带承台 JPP 单桩的荷载传递机理，并对试验结果作了对比分析。依据 JPP 桩本身的构造特点，提出了承载力的简化计算公式，并通过现场工程实测资料确定了桩侧摩阻力的调整系数，建立了 JPP 单桩竖向承载特性的变分解法，推导出 JPP 单桩荷载传递的简化计算方法。

本书可供岩土工程设计、施工人员及大专院校岩土工程专业师生参考使用。

* * *

责任编辑：万　李

责任设计：张　虹

责任校对：王雪竹　赵　颖

高喷插芯组合桩承载性能与计算分析

任连伟　著

*

中国建筑工业出版社出版、发行（北京西郊百万庄）

各地新华书店、建筑书店经销

霸州市顺浩图文科技发展有限公司制版

廊坊市海涛印刷有限公司印刷

*

开本：787×1092 毫米　1/16　印张：8¾　字数：210 千字

2013 年 12 月第一版　2013 年 12 月第一次印刷

定价：**26.00** 元

ISBN 978-7-112-16038-9

（24818）

前　　言

随着国家经济建设的蓬勃发展，全国城镇建筑、市政建设、基础设施建设呈现出日新月异的兴旺景象。在我国沿海地区的建筑工程施工中，由于普遍存在地基土软弱，承载力偏低的特点，因而有建设就离不开地基处理，有建设就离不开地基与基础施工，用于地基处理的费用，每年达数百亿元。因此近几年在建筑物的基础工程中，新技术、新工艺、新桩型不断涌现，一些工程质量安全可靠、工程施工方便快捷、工程造价合理节约的施工手段和措施越来越受到重视。

高喷插芯组合桩（Jet grouting soil-cement-Pile strengthened Pile，简称JPP）是在高压旋喷水泥土中插入预应力管桩作为芯桩而形成的一种新型组合桩。由高压旋喷水泥土桩与强度很高的芯桩两部分组成。高压旋喷桩首先施工，高压水泥浆通过钻杆由喷嘴中喷出，形成喷射流，边旋转边喷射，以此切割土体并与土拌合形成水泥土，在土体中形成大于芯桩直径的水泥土桩，然后插入芯桩，组合成桩。利用旋喷工艺加固桩周土、穿透硬土夹层或对桩端土进行加固，提高桩侧摩阻力和端阻力，芯桩具有足够的桩身截面强度，能满足承载要求，通过高压旋喷水泥土桩和芯桩的有效结合，使单桩承载力显著提高。具有桩体承载力高、工程造价低的优点。目前JPP桩已在天津滨海新区、唐山地区的市政工程、工业厂房、油罐区以及工民建工程中得到了成功的应用，取得了良好的经济效益和社会效益。但作为一项新技术，目前还没有开展系统的研究，相关的荷载传递机理、设计计算理论、桩体组合构造优化等方面尚未开展系统的、深入的研究，这些成为JPP桩进一步推广的瓶颈之一。所以开展相关的试验及理论研究，既具有理论上的重要意义，同时也具有工程意义。通过足尺模型试验、数值模拟以及理论分析等方法对JPP桩荷载传递机理和承载力计算方法进行了较为系统的研究。

本书内容共分8章：

1. 绪论：介绍了组合桩国内外研究现状，介绍桩基国内外试验研究方法和理论研究方法，提出了本书的研究内容和意义。

2. 高喷插芯组合桩技术及其特点：介绍了JPP桩的研发思路、施工工艺、技术优缺点及其适用范围。

3. 高喷插芯组合桩荷载传递机理足尺模型试验研究：依托大型桩基模型试验系统开展了同截面同尺寸JPP桩、混凝土灌注桩、高压旋喷水泥土桩足尺模型试验，得到了JPP桩在竖向荷载下的荷载传递规律，并对比分析了三种桩型的竖向承载特性。

4. 带承台高喷插芯组合桩荷载传递特性足尺模型试验研究及分析：以大型桩基试验模型槽为依托，开展了带承台JPP单桩足尺模型试验研究，通过预埋的钢筋应力计和土压力盒以及应变片等监测仪器对相关内容进行了直接测量，并与不带承台JPP单桩作了对比分析。通过对比分析，掌握了带承台JPP桩的荷载传递特性，并提出了与JPP单桩荷载传递特性不同和相同之处。

5. 高喷插芯组合桩承载力简化计算及影响因素FLAC^{3D}数值分析：结合JPP桩本身的结构特点，提出了一种承载力的简化计算公式，并结合多个工程实例验证了其合理性；结合足尺模型槽试验，对影响承载力的各种因素进行了FLAC^{3D}数值模拟分析，提出JPP桩结构优化设计；最后对JPP桩极限承载力进行了灰色预测。

6. 高喷插芯组合桩竖向承载特性的变分法分析：高喷插芯组合桩是一种复合材料桩，同一截面上由两种不同材料组成，不同于一般的单一材料桩。采用最小势能原理得到了JPP桩荷载沉降关系的显式变分解答，并对影响JPP桩承载性能的各种因素进行了分析，提出合理化建议。

7. 高喷插芯组合单桩荷载传递机理简化分析方法：以传递函数法为基础，吸取已有的研究成果，结合JPP桩不同的组合特点，采用理想弹塑性模型模拟桩侧土体的非线性，弹性模型模拟水泥土与芯桩界面的荷载传递特性，双折线函数模拟桩端土的硬化特性。基于荷载传递法，考虑了水泥土与芯桩界面摩擦、水泥土或芯桩与桩周土界面摩擦，提出了分析不同组合形式的JPP桩荷载传递的简化计算方法，并与模型试验结果进行了对比，然后采用该方法对JPP桩荷载传递机理及其影响因素进行了分析。

8. 结论：对本书的整个内容进行了总结，并对今后从事该研究的相关人员提出了建议。

在本书的撰写过程中，得到了河海大学刘汉龙教授的悉心指导，审阅了全书并提出许多宝贵意见，对此万分感谢。

天津市华正岩土工程有限公司雷玉华总经理和张华东总工提供了宝贵的现场设计及检测资料，河海大学岩土力学研究所提供了大型桩基模型试验加载系统，在此表示感谢。在本书的写作过程中，参考了一些国内外同行的研究成果，对被引用研究成果的同行和作者表示诚挚的谢意。

本书的出版，得到了河南理工大学刘希亮博士生导师、顿志林教授；河海大学孔纲强副教授、陈育民副教授；河南理工大学张敏霞副教授、王光勇副教授、秦本东副教授、郭佳奇副教授等的大力支持和帮助，土木工程河南省一级重点学科建设经费、河南省重点攻关项目（122102210119）、国家青年科学基金（41102169）、河南理工大学博士基金（B2010-52）对本书出版给予了资助，在此一并表示由衷的感谢。

由于作者水平有限，书中难免有谬误之处，敬请专家、读者批评指正。

作者于河南理工大学

2013年12月

目　　录

第1章　绪　　论

桩是一种古老且迄今仍在广泛应用和不断发展完善的基础形式[1]。桩基技术的发展大致经历了三个阶段：①19世纪以前的木、石等天然材料桩时期，施工简单，效用单一；②19世纪到20世纪初，由于水泥工业的发展，桩材主要为混凝土和钢筋，且同时相关的桩基设计理论也得到初步发展，如土力学的建立等；③第二次世界大战以后，这个时期桩材、桩型增多丰富，桩基技术和理论的范围和深度都得到很大提升。随着桩型和施工工艺的推陈出新，桩基的有关理论和桩的效用上都发生了许多质的变化，复合桩基、疏桩理论、桩基逆作等的提出，以及桩基规范和桩基检测技术也得到长足的发展。

桩基的作用主要有三方面：①通过穿过软弱的压缩性高的土层，利用自身的刚度把上部结构的荷载传递到强度更高、压缩性更低的土层或岩层上，以满足建筑物对承载力和沉降的要求；②作为基坑支护和围护结构，以承担水平荷载；③作为防渗阻水构件，如应用于基坑开挖的高压旋喷止水帷幕桩和钢板桩等。

现在随着经济的发展、社会的进步，建筑的规模不断扩大，地基处理的深度也不断加大，桩基作为一种深基础，其采用率也不断提高。据不完全统计[2]，我国每年桩用量在几百万根以上甚至更多，桩基工程占一般土建工程造价的20%～30%。

1.1　桩的分类及其发展

由于桩的类型繁多以及其功能多样，因此为能表达或限定各类桩的特性，使桩基所暗含的信息有一定程度的显露，使桩的设置过程清晰化，需要对其进行分类，如表1-1所示。

随着建筑物上部结构对基础的要求不断提高、新型建筑材料的开发和应用、工期和工程造价的要求，桩基础有以下发展趋向[3]：

(1) 基于高层、超高层建筑物及大型桥主塔基础等承载的需要，桩的尺寸向长、大方向发展。

(2) 基于老城区改造、老基础托换加固、建筑物纠偏加固、建筑物增层以及补桩等需要，桩的尺寸向短、小方向发展。

(3) 向攻克桩成孔难点方向发展。

(4) 向低公害工法桩方向发展。

(5) 向扩孔桩方向发展，扩孔的成型工艺有钻扩、爆扩、冲扩、夯扩、振扩、锤扩、压扩、注扩、挤扩和挖扩等种类。

(6) 为了提高单桩承载力（桩侧摩阻力和桩端阻力），国内外大量发展异形桩。异形桩包括横向截面异化桩和纵向截面异化桩，横向截面从圆截面和方形截面异化后的桩型有三角形桩、六角形桩、八角形桩、外方内圆空心桩、外方内异形空心桩、十字形桩、Y形桩、X形桩、T形桩及壁板桩等；纵向截面从棱柱桩和圆柱桩异化后的桩型有楔形桩（圆锥形桩和角锥形桩）、梯形桩、菱形桩、根形桩、扩底桩、多节桩（多节灌注桩和多节预制桩）、桩身扩大桩、波纹柱形桩、波纹锥形桩、带张开叶片的桩、螺旋桩、从一面削尖的成对预制斜桩、多分支承力盘桩、DX 桩及凹凸桩等。

（7）为了消除一次性公害和挤土效应，桩向埋入式桩方向发展。所谓埋入式桩工法是将预制桩沉入到钻成的孔中后，采用某些手段增强桩承载力的工法的总称。

（8）由于承载力的要求、环境保护的要求及工程地质与水文地质条件的限制等，采用单一工艺的桩型往往满足不了工程要求，因此桩向组合式工艺桩方向发展。

（9）随着对打入式预制桩的要求越来越高，诸如高承载力、穿透硬夹层、承受较高的打击应力及快速交货等要求，桩向高强度桩方向发展。

（10）向多种桩身材料方向发展。本书所研究的对象高喷插芯组合桩即是由多种桩身材料组成，且采用两种工艺成桩的一种组合桩。

基桩分类 **表 1-1**

分类依据	桩种	备　注
桩身材料	天然材料桩	木桩、石桩、灰土桩、石灰桩、碎石桩等
	钢筋混凝土桩	桩体配置钢筋，预制或现场灌注
	钢桩	实心桩、开口桩、管桩、钢板桩等
	水泥土桩	深层粉喷、旋喷，加筋水泥搅拌桩
功能	支承桩	支承建筑物竖向及水平自重和地震作用为主
	加固桩	改善桩周土体，起地基加固作用
	支护桩	对基坑和坡体起支护作用
荷载传递机理	摩擦桩	竖向荷载主要由桩侧摩阻力承担
	摩擦端承桩	竖向荷载主要由桩端极限阻力承担
	端承桩	竖向荷载主要由桩端阻力承担
	端承摩擦桩	竖向荷载主要由桩极限阻力承担
成桩挤土效应	挤土桩	桩入土时桩周土受到排挤
	少量挤土桩	土可进入桩空心界面，有少量排土
	非挤土桩	成桩过程无排土作用
承受荷载方向	承受竖向压力荷载桩	主要承受竖向压力
	承受竖向拔力荷载桩	主要抵抗竖向拔力
	承受横向荷载桩	分为主动桩和被动桩
截面形状	常见截面形状	圆形、方形、圆环形、三角形等
	异形	Y、T、H、X、I 形截面等
成桩方法	工厂预制	主要指普通钢筋混凝土和预应力钢筋混凝土桩
	现场灌注	成桩工艺丰富多样，按桩土相互作用分为挤土、少量挤土、非挤土灌注桩

1.2 组合桩发展及其研究现状

1.2.1 国外研究现状

组合桩的前身是日本 1976 年发明的一种地下连续墙施工工法[4-6]，称为 SMW（Soil

Mixing Wall）工法。它是在水泥土搅拌桩和地下连续墙基础上发展起来的，在水泥搅拌桩初凝以前，插入 H 型钢作为受力体，形成具有一定强度和刚度的连续无接缝的劲芯水泥土结构。此工法在美国、法国、东南亚地区和我国的台湾省均有广泛的应用。工程实践表明，该工法利用了水泥土的抗压性、抗渗性和钢材的抗弯性，具有止水性好、刚度高、构造简单、施工速度快、占地少、无泥浆污染、型钢可回收、成本较低等优点。

20 世纪 90 年代，日本近 20 家大公司和科研机构合力开发了一种“肋型钢管水泥土组合桩”，其主旨即力图保持预制桩、灌注桩的各种优点，又能从根本上消除其许多不足。其施工顺序如下：①先用大型搅拌钻杆将水泥浆从其喷口以高压喷入地基并强行与原状土搅拌，自地面徐徐往下，直至到达预定深度而形成一桨状水泥土柱；②将搅拌钻杆自下而上边搅边提，直至地面；③将一表面带肋的钢管插入水泥土中，形成钢管水泥土组合桩。其所用水泥浆的水灰比 1.65，进入持力层后改用较稠的乳浆，乳浆用量约为被搅拌土体积的 80%。水泥土的桩身抗压强度为 0.5～1.0MPa，桩端为 6～10MPa。肋型钢管系专门卷制。钢管外表通常有肋，进入持力层后则内外有肋，肋呈螺旋状，螺旋角度小于 40°，螺距 40mm，肋高 3mm，钢管壁厚 6～22mm 不等。抗拔试验表明，单面有肋的钢管与水泥土之间的粘结力为光面钢管的 8 倍，双面有肋的更高。因此，这种钢管作为桩体主要受力骨架，能与水泥土形成整体而协同工作，不发生滑移。测试表明，桩顶荷载可用钢管肋有效地传递给水泥土。水泥土又将荷载有效地传递给桩周和桩底土。原位桩模型载荷试验表明，肋型钢管水泥土组合桩中，钢管与水泥土的沉降几乎相同，可以认为钢管与水泥土的整体性良好。

日本在大型模型槽中进行了三根桩的成桩试验，并进行了载荷对比试验。桩长 10m，桩径 1m，插入的肋型钢管直径分别为 500mm、600mm、750mm，所用土样为分层碾压均匀的粉质黏土。3 根桩的单桩承载力均达到 1200kN，按水泥土外径反算得到桩侧和桩端单位阻力均高于普通的灌注桩的发挥值。这种新桩型把软土地基加固的有效手段——深层搅拌技术与大直径灌注桩和钢管桩三者融为一体，扬其长而避其短，是典型的水泥土组合桩形式之一。

日本合成钢管桩工法协会在“肋型钢管水泥土桩”的基础上，经过十几年的研究开发，总结经验，研发了先进的 HYSC 工法，其桩径（即水泥土桩桩径）已达到 1600mm，钢管直径达 1400mm，桩长达 60m，目前主要应用于单桩竖向承载力要求较高的道桥工程桩基础。

Pin Pile 是近年来在欧美等地区广泛使用的一种组合桩[7]，它是在钻孔灌注桩中插入钢管或钢棒制成，桩径一般为 100～300mm。Pin Pile 一般作为岩石、砂砾和卵石场地上的端承桩使用，特别使用于原有建筑物的加固。试验表明 Pin Pile 与一般灌注桩相比，不仅能大幅度提高承载力，而且能减少桩顶沉降。

1.2.2 国内研究现状

（1）SMW 工法

我国对 SMW 工法的研究和应用始于 20 世纪 80 年代后期。1988 年冶金工业部建筑研究总院立题研究，并于 1994 年通过建设部技术鉴定。其所用的芯桩，除国外常用 H 型钢外，还根据国情研制了钢筋笼和轻型角钢组合钢架等，适用于地下开挖深度为 6～10m 的基坑。

1994 年上海市基础工程公司把 SMW 工法首次应用于上海软土地区（上海环球世界广场，基坑深 8.65m，桩长 18m），取得了成功；1995 年上海市隧道公司施工技术研究所和江阴建筑安装总公司机械施工公司也共同开发了型钢水泥土复合桩，对其进行了较系统的试验研究，在回收 H 型钢设备的技术上取得了重大突破，并于 1997 年初将其研究成果应用于上海申海大厦[8]，该课题于 1997 年通过上海市科委技术鉴定。1998 年王健等[9]通过上海隧道工程股份公司施工技术研究所对 SMW 工法的试验研究和几个工程实践经验的深入分析，提出了 SMW 工法的设计、技术方法。此后，SMW 工法在国内广泛应用并取得了成功[10-17]，并且许多国内学者对 SMW 工法进行了大量的试验研究和理论分析[18-24]，取得了很好的研究成果。

（2）混凝土芯水泥土组合桩

国内研制开发劲性水泥土桩始于 1994 年，沧州市机械施工公司和河北工业大学在沧州进行了一组新型桩的试验，即在水泥土搅拌桩体内插入预制钢筋混凝土空心电线杆称为组合桩，并进行静载试验。水泥土搅拌桩桩径 500mm，桩长 8m，电线杆长 4.5m，外径 300mm，内径 150mm，同时制作同规格水泥土搅拌桩进行对比。试验表明，组合桩平均极限承载力达到 450kN，而水泥土搅拌桩只有 160kN。组合桩由于在桩顶下 2m 处电线杆被压碎而破坏。基于理想的试验结果和分析论证，沧州市机械施工有限公司将这种桩型申报专利，命名为“旋喷复合桩工法”，成为国内水泥土组合桩的雏形。混凝土芯水泥土组合桩示意图如图1-1所示。

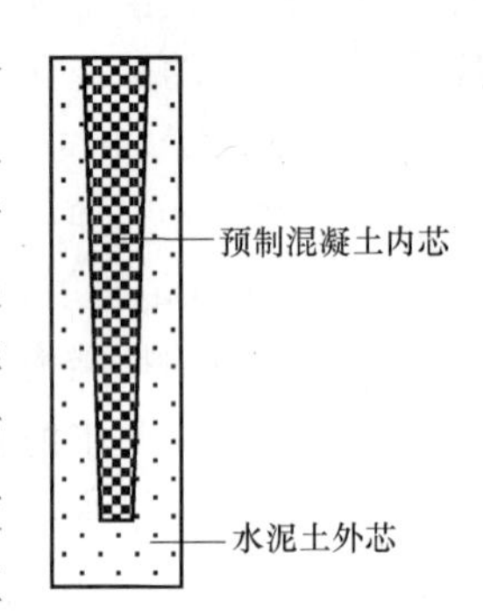

图 1-1 混凝土芯水泥土组合桩示意图

1998 年，由天津大学、沧州市机械施工公司、河北工业大学和天津质检总站等单位组成课题研究组[25]，开展对劲性水泥土组合桩的系列试验和应用研究，先后在天津大学六里台小广场，杨村国税局住宅工地和红桥房地产交易大厦工地三处进行了三批共 45 根原型桩的对比试验工作，初步掌握了该桩型的工作特性，设计方法，施工工艺和检测方法，设计改装了插桩专用设备，编制了企业标准“组合桩设计、施工规定”，并应用于杨村国税局 7 层砖混住宅楼试点工程。所得出的结论为：劲性搅拌桩承载力是同比混凝土灌注桩的 1.35～1.54 倍，是同直径搅拌桩的 4.4～5.38 倍；劲性搅拌桩实测桩侧摩阻力是钻孔灌注桩的 1.41～1.62 倍，是勘察报告取值的 1.26～1.47 倍。

2000 年 10 月在河北工业大学南院草坪进行了模型桩试验[26]，模型试验桩共 3 根，其中两根为劲性搅拌桩 Z_1、Z_2，另一根为水泥土搅拌桩 Z_3。三根桩的外包尺寸、水泥掺入比、水灰比等指标及水泥土搅拌桩成桩方法均完全相同。其中劲性搅拌桩 Z_3 的桩端进行了掏空处理，以考查其侧摩阻力特性。三根桩中均埋有测试元件，以测出桩中轴力等其他参数。试验结果表明：Z_1、Z_2、Z_3 的极限承载力标准值分别为 45.5kN、35kN、31.5kN。在整个加载过程中，芯桩承担了大部分的桩顶荷载，并通过其桩侧和桩端传递给水泥土，桩侧水泥土同时承担了上部水泥土传来的压力和芯桩传递的剪力以及桩侧土的侧摩阻力。芯桩桩顶荷载按一定比例传递给桩侧和桩端水泥土。

2000 年 11 月在河北工业大学结构实验室进行水泥土的抗压强度试验和测定芯桩与水泥土共同工作情况的抗拔试验[27]。试验结果表明：混凝土芯体与水泥土之间的粘结强度与水泥土的强度有密切的关系，粘结强度随水泥土强度的增加而增大，存在近似的线性关系。粘结系数的值在0.174～0.213之间变化，平均值为0.194，即其数值约为水泥土试块无侧限抗压强度的0.194倍，略小于水泥土本身抗剪强度（0.2～0.3）的数值。

1998年，受上海市建筑技术发展基金会的委托，上海现代技术设计集团江欢成设计事务所、上海市基础工程公司及江阴建筑安装总公司机械施工分公司等单位，作为负责单位自筹资金，于1998年9月11日在上海市万里小区进行了6根混凝土水泥土复合桩的试验，施工时采用了“SMW”工法的施工设备，取得了成功。所得结论为：18m长单桩极限承载力1200kN，24m单桩极限承载力2000kN，与微型预制桩相比，每单位承载力的造价要低30%左右。1999年2月10日，由上海市建委科技委组织了评审，其评审意见为：该复合桩造价低，承载力高，施工对环境的挤土、噪声、污染等影响较小，桩型符合我国国情，可以在以沉降为主的工程中使用，并指出应进一步进行受力机理、垂直承载力和沉降计算方法、搅拌桩工艺、水灰比等研究，使科学技术尽快转化为生产力。2000年3月。该桩型在上海青浦区赵港税务所办公楼正式使用，该工程为四层框架结构，使用该复合桩较原桩筏基础方案降低造价32%。

董平等[28-30]在上海、江阴两地混凝土芯水泥土搅拌桩试桩和实际工程应用的基础上，分析了该桩竖向承载力的发挥机理、破坏模式和极限承载力。研究表明：混凝土芯水泥土搅拌桩施工方便、单桩承载力高、沉降量小、造价低廉，且施工对周围环境影响小；混凝土芯水泥土搅拌桩竖向荷载首先由混凝土内芯承担，然后通过混凝土内外芯界面和桩土界面的侧摩阻力，形成荷载从混凝土内芯到水泥土外芯桩再到桩周土体的双层扩散模式，传递到复合桩端的荷载不超过总荷载的7%，其工作方式为纯摩擦桩。另外，用有限元分析了该桩在竖向荷载下的力学性状，包括桩土和桩内外芯应力比，荷载的传递，桩侧塑性区分布以及沉降特性等。

岳建伟等[31]对3根14m长混凝土芯水泥土搅拌桩的载荷试验，分析了桩身轴力和桩周的侧摩阻力的分布及影响组合桩承载力的因素。试验和有限元结果表明混凝土桩的插入改变竖向荷载的传递规律，形成了从混凝土桩到水泥土再到土的传递模式，更有效地发挥了桩周的侧摩阻力；水泥土的固化效应、混凝土桩的挤土效应和混凝土桩的荷载传递是组合桩高承载力的主要来源。另外，为了探讨了组合桩在水平荷载作用下的承载力和破坏模式，对三根14m长桩做了水平载荷试验[32]，实测得到该桩在水平荷载作用下桩与土共同作用下的工作性状和破坏特征，分析了组合桩受水平力作用时的临界和极限荷载、破坏模式、地基土的水平抗力比例系数以及桩帽对组合桩抗水平力的有利作用。为合理地评价组合桩的水平承载力，探讨了组合桩在水平荷载作用下的计算方法：临界荷载法和转折点法，并给出计算公式。试验和分析结果表明：组合桩具有较好地抵抗水平荷载的能力，有桩帽的组合桩水平受荷性状优于无桩帽的组合桩，桩帽使组合桩由水泥桩和外侧的水泥壳之间相互分开的破坏模式变为外侧的水泥土和土之间分开的模式，保证组合桩在水平荷载下的完整性，用转折点法计算组合桩的水平承载力更为合理。

（3）复合灌注桩

刘金砺等研发的水下干作业复合灌注桩（专利号：982182759）是由水泥土环内包钢筋混凝土灌注桩复合而成[33,34]，成桩基本工艺为：①搅拌水泥土环桩，采用一种特制的水泥土环桩搅拌器实施浆液搅拌完成，即起到隔水帷幕的作用，形成干作业条件，并构成复合桩身的外环，这是本桩型的关键技术；②钻芯取土，钻取过程既无挤土效应，也无泥浆排放，可采用长螺旋（与搅拌器共一主机），也可用短螺旋，其关键是与环形搅拌桩实现同心，并确保其垂直度；③钢筋混凝土芯桩施工，按常规干作业成桩工艺安置钢筋笼和灌注混凝土，确保不发生离析，尽可能实施振捣。施工工艺如图 1-2 所示。

由此可见，复合灌注桩可在地下水位以下全过程干作业，即可避免泥浆污染，减少浆渣运量，又可克服泥浆护壁灌注桩沉渣、泥皮、水下灌注等影响成桩质量的固有缺陷。同时水泥土环桩的搅拌过程，不同于密集格栅形搅拌桩由于浆体注入量大而隆起，芯桩采用钻取土芯成桩，不同于搅拌桩中挤土插入预制芯桩，因此成桩过程基本不存在挤土效应。图 1-3 是开挖水泥土环桩图。

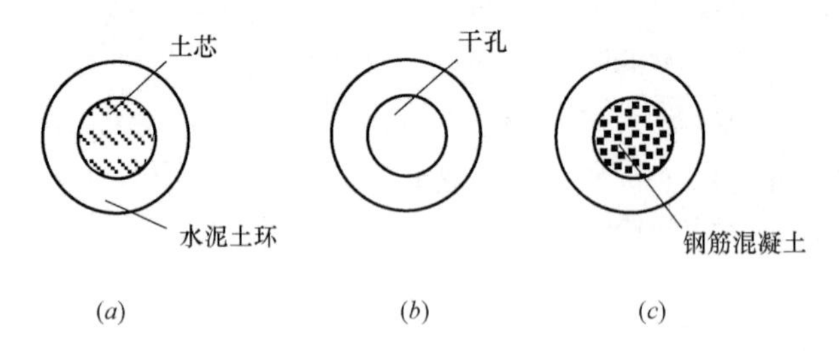

图 1-2　水下干作业复合灌注桩成桩基本施工工艺

（a）搅拌水泥土环桩；（b）钻取土芯取孔；（c）施工钢筋混凝土芯

复合灌注桩在承载性能上面集合了水泥土桩侧摩阻力高和灌注桩身刚度大两方面的优势，从而使其承载力性能优于水泥土桩和灌注桩。对两根复合灌注桩和两根普通灌注桩的对比试验表明其单桩承载力显著高于普通灌注桩，并且单位承载力费用明显降低。

图 1-3　开挖水泥土环桩土

（4）浆固碎石桩

浆固碎石桩是河海大学岩土所一项专利[35-37]，是近年来开始推广应用的用于提高碎石桩强度的软基处理的新方法，直径为 300～700mm，桩长可达 30m 以上，已在杭千高速公路等工程中得到了成功应用。该技术是利用钻机按设计直径，钻进至设计深度成孔，放入导向管和注浆管，然后投放石料。在投放石料的过程中，用注浆管放水清洗孔，石料投放完成后进行注浆，固结成桩。浆液除在孔中注浆成桩外，也向周围土体渗透。浆固碎石桩与其他桩型相比，有其自身的特点。由于路基这种复合地基并不需要太高的强度或太大的直径，而浆固碎石桩的直径可选的范围较大，可以选用较小的直径和较低的混凝土强度，因此节约了造价；其次，浆固碎石桩施工所占的场地较小，在施工过程中无振动无噪声、不挤土，对周围建筑物影响很小，且施工机械轻便，速度快，同时在注浆过程中浆液可同时改善桩间土的强度及桩土摩擦阻力，提高承载力。

（5）钻孔灌注桩后压浆技术

钻孔灌注桩是当前高层建筑和桥梁基础的主要桩型。传统灌注桩成孔工艺导致桩底沉渣和桩侧泥皮等固有缺陷，造成桩端阻力和桩侧摩阻力显著降低。钻孔灌注桩后压浆技术可有效地消除桩底沉渣和桩侧泥皮的不利影响，是一种有效提高钻孔灌注桩性能、节约工程成本的先进施工工艺。在国外，20 世纪 20 年代开始，英、美等发达国家开始研究后压浆施工工艺并取得了成功。到目前为止，已形成了几十种成熟的施工工艺，并制定了完善的设计方法和施工规范。从 20 世纪 80 年代开始，我国越来越多的高层建筑的桩基础应用后压浆技术来提高桩的承载力，尤其是最近大规模开展的对沉降严格要求的高速铁路的桩基础也应用后压浆技术来控制沉降，其施工工艺和计算方法也得到不断的提高。

钻孔灌注桩后压浆技术[38]，是使水泥浆液在高压下渗透、充填和挤密，与沉渣、泥皮、桩周和桩端土体发生物理化学固结，增大了土体和桩端的强度，改变了桩的受力类型，提高了桩侧摩阻力和端阻力，从而提高了单桩的承载力。后压浆按在桩身的位置可分为桩端压力注浆、桩侧压力注浆、桩端桩侧联合注浆 3 种，如图 1-4 所示。

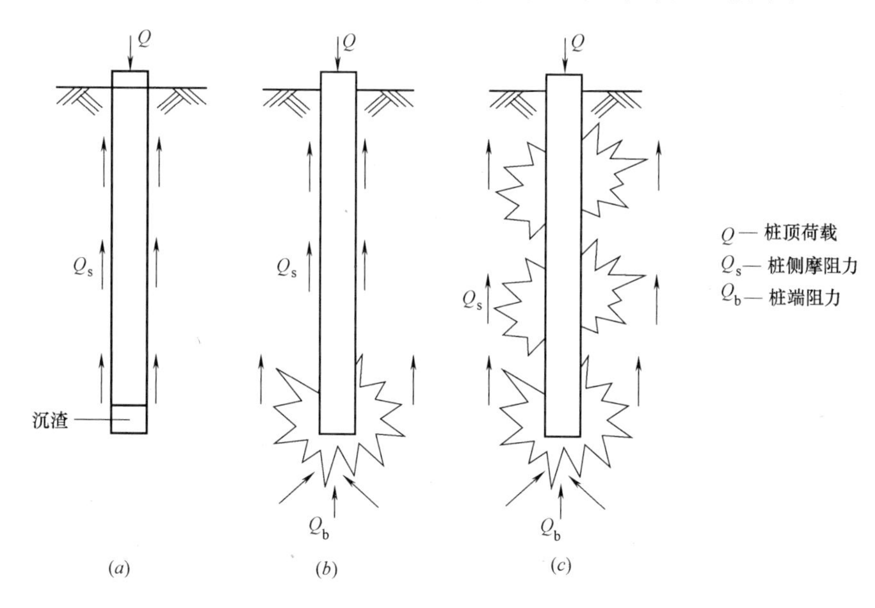

图 1-4　后压注浆的灌注桩受力特性

（a）未注浆；（b）桩端注浆；（c）桩端和桩侧联合注浆

布克明等[38]通过对在苏通大桥中应用了桩底后压浆技术的超长大直径桩的试桩静载荷试验得出，压浆后极限承载力测试值是压浆前的 1.48～2.0，压浆后桩端阻力是压浆前的 2.46～7.21 倍，表明利用后压浆技术达到了节约工程投资、提高工程施工质量及可靠性的目的，产生了较大的技术经济效益和良好的社会环境效应。

黄生根等根据某大厦及临近场地试桩的静载荷及桩身应力测试结果[39]，对压浆后桩的承载性能进行了深入分析。未压浆桩的荷载-沉降关系符合双曲线函数，而压浆后桩的荷载-沉降关系符合幂函数。在极限状态时桩端阻力占总荷载比例为 6.4%～18.4%，桩侧阻力占总荷载比例为 81.6%～93.6%，且随着桩顶荷载的增加，桩端阻力所占比例快速增长。根据极限承载力外推值，桩侧、桩端压浆的极限承载力提高幅度为 89.85%～147.81%，桩端压浆的极限承载力提高幅度为 30.08%～81.78%。根据软土中应用后压浆技术的钻孔灌注桩的静载荷试验及桩身应力测试结果[40]，考虑到土体的连续性引起的变形，对各桩段实测的摩阻力与位移关系进行了修正，并用传递函数对摩阻力与位移关系进行了拟合，得出各桩段的摩阻力极限值，从而真实反映出压浆后摩阻力沿桩身的分布规律。结合大直径超长桩试桩得到的试验资料，应用有限元方法分析了压浆对大直径超长钻孔灌注桩承载性能的影响。根据反分析计算结果可知[41]，桩周摩阻力、桩端加固体变形模量及桩周土的变形模量均有不同程度的提高，桩周土在整个桩长范围内变形模量提高幅度为33％～67％，平均侧摩阻力提高幅度为30％～40％，与实测结果基本一致。

戴国亮等[42]通过对一根超长灌注桩桩端后压浆自平衡静载试验以及钻孔取芯试验得出，超长钻孔灌注桩桩端后压浆水泥浆液上返高度在该地质条件下达15m左右，但水泥浆液在地下需要较长时间才能达到设计强度，且分布不均。桩周土层标贯试验表明，贯入击数与压浆前相比，普遍提高。

胡春林等[43]基于72个工地186根静载试桩的统计资料，分析了桩端、桩侧压浆对钻孔灌注桩的增强加固机理，深入研究了后压浆钻孔灌注桩单桩竖向承载力特性。利用静载试桩结果，统计出后压浆桩极限承载力增幅值及极限端阻力增强系数的频数分布规律，提出了后压浆桩单桩极限承载力的实用计算公式。

何剑[44]对桩底注浆和没有注浆的两根试桩的单桩竖向抗压静载荷试验结果对比分析得出，桩底后压浆注浆技术对提高泥浆护壁钻孔灌注桩的承载力是有效的。通过桩底后压浆，充分加强了桩与土之间相互作用的有利方面，使桩-土体系更加紧密地形成一个协同工作的系统，改善了基桩的承载性状，桩顶沉降明显减小。

张忠苗等[45]系统阐述了持力层为砾石层的钻孔灌注桩的桩底后注浆机理和工艺，并结合工程实际分析了注浆压力、浆液浓度、注浆量、注浆半径和注浆效果。研究得出，对桩底注浆工艺和参数的确定，要针对不同的土质条件有针对性地进行，在保证桩底混凝土不破坏和桩不上抬前提下，实行桩底注浆量和注浆压力双控，并首先保证桩底合理的注浆量。桩底注浆预埋管要埋两根且应在水下混凝土达初凝强度后进行开塞、注浆，浆液水灰比常为（0.4～0.7）：1，先稀后浓，掺入少量减水剂和膨胀剂。

（6）长短组合桩

在实际工程设计和分析中经常会遇到地基土存在两层或多层可作为桩端持力层的情况，如图1-5（*a*）所示，其浅层持力层承载力良好且埋深不大，但存在的问题是短桩基础可基本满足承载力要求但沉降量过大。杨敏等[46-48]学者按照长桩主要控制变形，短桩主要提供承载力的基本思路，长短桩组合桩基础中长桩穿过浅层持力层及其软下卧层，落在压缩性较小的深层持力层上，利用长桩将荷载传至地基深处，达到控制沉降的目的，长桩在基础中除承担部分荷载外主要起减少和控制沉降的作用。由于控制沉降所需长桩数远小于常规全长桩基础中的长桩数，因此，为达到与常规全长桩基础相同的承载力安全度，由于长桩数量减少而引起的承载力不足部分应由相应数量的短桩提供，短桩支承在浅层持力层，如图1-5（*b*）所示。同时，不考虑承台自身地基承载力，而将其作为基础的整体安全储备。这样，相对于传统的基于强度控制理论设计的全长桩基础而言，长短桩组合桩基础充分利用和发挥了长桩控制沉降的能力与地基土浅层持力层的承载能力。与常规设计方法相比，长短桩基础减少了长桩数量，使施工难度和工程造价降低。三维弹塑性有限元分析得出，长短桩基础调节差异沉降的能力强于短桩基础和全长桩基础。长桩的存在，不仅影响了总沉降，也影响了沉降分布规律，使基础受力更加均匀；长短桩组合桩基础的沉降由长桩控制，短桩数量增加对整体沉降影响不大；短桩提供承载力，短桩的存在，减少了长桩桩顶所承担的荷载；长桩持力层模量增加使长桩分担荷载比例增加，短桩分担荷载比例减少。

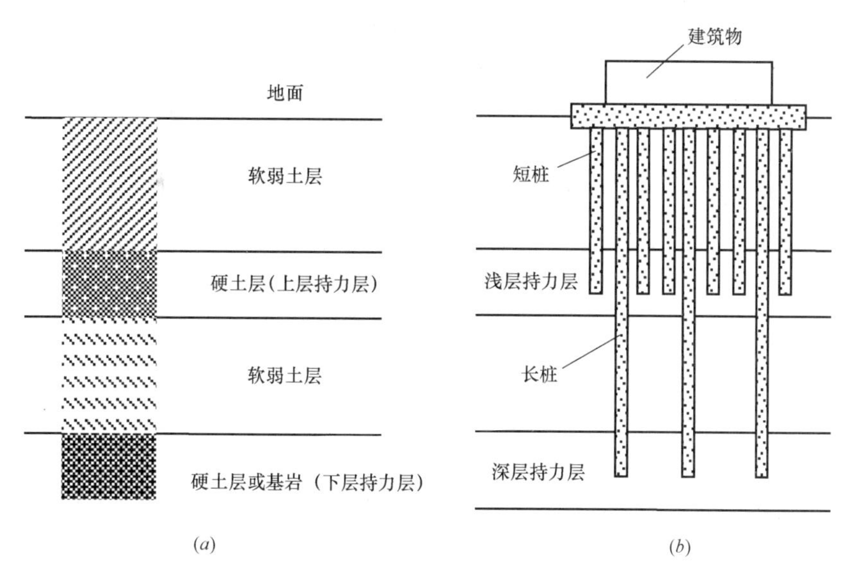

图 1-5　长短桩组合桩适于土层及设计示意图

（a）适于长短桩基础的土层分布示意图；（b）长短桩组合桩基础示意图

朱小军等[49]在室内模型试验的基础上，对长短桩组合桩基础的荷载与沉降的关系、桩身侧摩阻力分布、桩身应力以及长短桩组合桩基础中长桩和短桩承载性状发挥状况等问题进行了分析，得出了一些规律性的、有价值的结论。

王伟等[50]采用三维弹塑性有限元方法对全短桩、全长桩、长短桩复合地基和长短桩桩基础进行了对比分析，得出长短桩桩基础的平均沉降小于全短桩基础和长短桩复合地基，但仍大于全长桩基础；长短桩桩基础中长桩的中性点位置比长短桩复合地基的要深一些，受到的负摩阻力稍大些；长短桩桩基础中短桩作用发挥要比长短桩复合地基的短桩充分，而且其长桩的最大桩身轴力相比也小。

刚柔性长短桩复合地基[51-53]是近几年被工程界广泛应用的一种较新的地基处理形式，它一般有刚性长桩与柔性短桩复合而成。长桩一般选用混凝土桩，模量较大，也叫刚性桩；短桩常用水泥土搅拌桩等，模量较小，也叫柔性桩；故长短桩复合地基也称刚柔复合桩基。刚性桩可以减少基础的沉降、提高基础的承载力及作为承载力的安全储备，柔性桩则主要用来提高基础的承载力，这样刚柔性桩相结合对地基的综合处理，可以发挥其各自特点，并在确保地基处理效果的前提下达到方案合理、节约投资、缩短工期等目的。

陈龙珠等[54]在杭州某采用带褥垫层刚柔性复合地基的七层住宅楼基底埋设压力盒进行现场观察，实测数据表明，在垫层的作用下，桩土荷载分担在加载初期的弹性阶段近似按各自的相对刚度分配，随着上部荷载的增加，浅层地基土和柔性桩逐渐进入非线性状态，新增荷载主要由刚性桩来承担。对采用带垫层的长-短桩复合地基的一栋 14 层小高层建筑[55]，在建造和使用过程中观测了长桩、短桩和地基土的受力状况以及基础沉降的变化，并由此分析了长-短桩复合地基中的桩-土荷载分担特性、桩-土共同作用机理和荷载-沉降特性，分析得出在应用这种地基处理技术时，应重视基底与刚性桩顶面间垫层的厚度、密实度及其均匀性对长、短桩荷载分担特性所产生的重要影响。梁发云等[56]对竖向受荷的刚柔性复合地基进行了分析。

葛忻声等[57]对软土中由钢筋混凝土桩与水泥搅拌桩组合而成的长短桩复合地基具体工程进行了研究。利用有限元方法，对同等地质条件下的长短桩、全长桩、全短桩和天然地基的情况进行了应力、变形的对比分析。从中得出，长短桩复合地基在有效减小建筑物沉降量的同时，可降低基础沉降差，使基础受力更均匀；另外，由于长桩的存在，可使浅层土应力减少、较深层土的沉降值降低。

鉴于竖向增强体复合地基中的三种类型桩（即散体材料桩、柔性桩和刚性桩）的承载能力和变形特性不同，每种地基处理方法都不是万能的，都有其适用范围和优缺点。郑俊杰等[58,59]提出将竖向增强体复合地基中的三种类型桩中的两种甚至三种桩综合应用于加固软土地基，形成多元复合地基，以充分发挥各桩型的优势，大幅度提高地基承载力，减小地基沉降，从而取得良好的技术效果和经济效益。同时指出，在多元复合地基中，可将桩身强度较高的桩称为主桩，将强度较低的桩称为次桩；多元复合地基可分为两类：在第一类多元复合地基中，主桩的置换作用是复合地基承载力的主要部分，次桩起辅助作用；在第二类多元复合地基中，复合地基承载力的提高主要依靠次桩的作用，主桩仅布置在节点及荷载较大的承重墙下，达到减小沉降的目的，特别是对于深厚软土上的建筑物地基处理，工程实践表明，减小沉降的效果显著。郑俊杰等将石灰桩与深层搅拌桩联合应用于加固杂填土地基[60]，将石灰桩与深层搅拌桩联合加固深厚软土[61]，将 CFG 桩与石灰桩联合处理不均匀地基[62]，将粉煤灰混凝土桩与石灰桩联合应用于新回填土下卧深厚软土的复杂地质条件[63]，将粉煤灰混凝土桩与深层搅拌桩联合应用与加固深厚软土，均取得了较好的加固效果。

（7）高喷插芯组合桩

作为本篇论文研究对象的高喷插芯组合桩（简称 JPP 桩）是天津市华正岩土工程有限公司的一项专利（专利号：ZL 03 1 09768.5），是在高压旋喷水泥土桩中插入预应力混凝土桩（或沉管桩、钢桩等）作为芯桩而形成的一种新型组合桩。高喷插芯组合桩结合了预应力芯桩抗压强度高、刚度大和高压旋喷桩侧摩阻较大、穿透能力强的优点，使两种桩型的优势充分发挥，同时克服了两种桩型的不足，是一种既经济又施工速度快的新桩型。此桩型与其他组合桩型对比如表 1-2 所示，可以看出，各种桩型都会根据不同的工程需要发挥自己的优势，相比较而言，后压浆钻孔灌注桩提供承载力最高，高喷插芯组合桩性价比较好。

几种组合桩的对比分析 **表 1-2**

类型	施工	材料组成	适应土层	承载力	适合建筑	备注
复合灌注桩	有一定的难度、需特制的水泥土环桩搅拌器	水泥土环桩和混凝土灌注桩	低强度土层	承载力较高	小高层建筑、中跨度厂房	
后压浆钻孔灌注桩	有一定的难度	混凝土灌注桩和水泥浆	适应土层范围广	承载力高	高层建筑、大跨度厂房	承载力最高

续表

类型	施工	材料组成	适应土层	承载力	适合建筑	备注
长短组合桩	难度小、速度快	混凝土长桩、混凝土短桩或水泥土搅拌桩等	有两层或多层持力层	承载力较高、造价低	小高层、小跨度厂房	
浆固碎石桩	无噪声、不挤土、速度快	碎石，水泥浆	软土地基	承载力一般、造价低	高速公路	
混凝土芯水泥土搅拌桩	低噪声、无振动、无挤土破坏	预制混凝土桩和水泥土搅拌桩	中等含水率的软黏土、粉土、淤泥质土	承载力一般、造价低	多层建筑及小高层建筑	
高喷插芯组合桩	噪声小、速度快、无挤土破坏、场地污染小	高压旋喷桩和预应力混凝土桩	软土地基、低强度土层	承载力较高、造价低	小高层、跨度不大的工业厂房、油罐等	性价比较高

1.3 桩基国内外研究现状

从目前公开发表的研究成果来看，对于竖向荷载作用下桩的承载性状可以从以下三个方面来总结。

1.3.1 试验研究

1.3.1.1 现场试验

现场试验最能直接反映桩土相互作用的本质，所以有条件时应优先考虑现场试验，由于现场试验的重要性和不可替代性，国内外学者也进行了许多现场试验研究。

Paolo Carrubba[64]（1997年）为了得到大直径嵌岩桩荷载传递特性，对直径为1.2m和桩长分别为18.5m、19m、37m、20m、13.5m的五根桩进行了现场载荷试验。提出了桩侧摩阻力与相对位移之间的双曲线模型，根据静载荷试验结果用反分析法得出了桩身的轴力分布以及桩侧摩阻力的大小。

Puller David[65]（2005年）开展了扩底灌注桩现场试验，介绍了扩底灌注桩的一种成像（CCTV）施工技术，结合试验结果对几个承载力的计算公式进行了分析，修正并给出了适合扩底灌注桩的承载力的计算公式，同时还分析了施工中孔底虚土等问题的处理。

Xu等[66]（2006年）对预制板桩水冲沉桩然后注浆加固的施工工艺及技术特点进行了介绍，根据现场原位试验，得出了一些有益的结论，并且这项技术在长江三角洲得到了成功应用。

Han等[67,68]（2006年）在软黏土对四根微型桩（直径150mm，桩长8m）分别进行了两组竖向抗压试验和抗拔试验，分析讨论了荷载沉降曲线、桩身轴力沿桩身的分部、桩端阻力的变化规律和桩侧摩阻力的变化规律，并进一步分析了桩的承载力、桩端阻力占总荷载百分比。

Yang等[69]（2006年）为了分析H型桩打入法和静压法两种施工方法的施工特性的区别和联系，进行了全面的现场试验研究，桩长从32到55m。现场竖向载荷试验结果表明，静压型桩侧摩阻力大于打入型的，但桩端阻力则相反。同时反分析得出，两种不同施工方法的桩侧摩阻力系数都在 0.25～0.6 之间。

凌光容等[25]（2001 年）在天津大学六里台小操场北侧对劲性搅拌桩进行了现场对比试验，共 24 根，其中劲性搅拌组合桩 12 根，7 根水泥土搅拌桩，5 根钻孔灌注桩。试验结果表明，劲性搅拌桩单桩承载力高于同混凝土的钻孔灌注桩，并且其桩侧摩阻力也高于钻孔灌注桩；同时还得出，提高芯桩长度比可提高单桩承载力，但超过一定限值后承载力增长速率下降，在一定范围内增加组合截面含芯率可提高截面承载力和桩身刚度从而提高单桩承载力，超过此限值后继续增大含芯率承载力不再提高。随后，刘杰等[70]（2003 年）对劲性搅拌桩进行了第二批试验，共 30 根，其中组合桩 18 根，钻孔灌注桩 5 根，水泥搅拌桩 7 根，结果表明，最适宜的芯桩长度比为 0.6～0.7，静载荷曲线属于陡降型，属于摩擦桩。这些试验成果为劲性搅拌桩的推广和应用打下了理想的试验基础。

刘金砺等[33]（2001 年）为掌握复合灌注桩这一新的桩型的承载特性，进行了 5 根原位试验，其中 3 根复合灌注桩，2 根灌注桩。试验结果表明，其桩侧摩阻力显著大于灌注桩，单桩承载力显著高于普通灌注桩，单位承载力造价明显降低。

杨寿松等[71]（2004 年）以盐城高速公路的应用为背景，对筒桩施工方法和承载特性进行了分析研究，现场进行了小应变测试、静载荷试验，发现桩的荷载-沉降曲线大多数出现缓变形的特点，每级荷载作用下沉降增量稳定。同时，桩的承载力随着桩径的增大而增大。

黄广龙等[72]（2006 年）为选择合理的桩基础形式，结合静载荷试验对一大型建筑场地同一地质条件下相同桩径的钻孔扩底桩和不扩底桩进行桩身轴力和桩侧阻力测试，以确定单桩竖向承载力设计参数。通过对测试资料的分析，对比了两种桩型桩身轴力、桩侧摩阻力以及桩端阻力分布特征，探讨了两种桩的桩侧摩阻力、桩端阻力的发挥过程。

楼晓明等[73]（2007 年）为了掌握带承台摩擦单桩荷载传递特性，对承台尺寸分别为 1.25、1.50、1.75m 和桩长分别为 10、17、25m 的 3 根带承台摩擦单桩进行了现场试验。试验结果表明：承台荷载分担比随总荷载的增加而增大，最终均分担了 50%以上的荷载；桩长不同的复合桩基，通过调整承台平面尺寸或桩距，可以使平均地基刚度接近；带承台单桩的上部摩阻力传递函数均近似于弹塑性关系，极限位移只有 1～2mm。

穆保岗等[74]（2008 年）在天津滨海新区采用自平衡测试技术对 90m 超长灌注桩进行原位测试。测试发现桩身轴力分布与荷载箱位置有关，桩在总体位移较小的情况下失去承载能力。桩侧摩阻力发挥所需位移较小且有突变性。桩端阻力则基本不能得到发挥，超长桩在承载力设计时应谨慎考虑桩端阻力。

王新泉等[75]（2008 年）通过在 Y 型沉管灌注桩桩身范围内埋设钢筋测力计，完整测试路堤填筑过程中及预压期内路堤荷载作用下 Y 型沉管灌注桩的荷载传递机制，详细介绍钢筋测力计的焊接及埋设方式，对钢筋测力计在混凝土凝固硬化过程中的受力情况进行详细研究。指出数据处理过程中需要对钢筋测力计进行重新标定，详细介绍标定方法。随着填土荷载的增大，不同深度处桩身轴力均呈现增大的趋势，但增加幅度不同，桩身轴力最大点位置随填土荷载增大变化很小，路基进入预压期后桩身轴力仍逐渐增大，但变化幅度逐渐减小。

1.3.1.2 大尺寸模型试验

大尺寸模型试验是介于现场试验和模型试验之间的一种比较接近现场试验的试验方法，一般桩的半径能与现场相同或近似相同，由于模型槽的局限，桩身长度一般不能达到现场的长度。

宰金珉等[76]（2007 年）利用角钢支架和钢化玻璃板设计制作了尺寸为 2.00m×1.00m×1.50m 室内模型试验槽，通过设计系列单桩承台与群桩的桩筏基础模型试验，研究了极限荷载下桩-筏板-地基土的应力与变形性状。试验结果表明，常规桩距桩筏基础极限荷载下表现出实体深基础性状；而大桩距桩筏基础，基桩先于板下土体达到承载力极限状态，后续荷载基本由板下土体分担，验证了塑性支撑桩理论。

王年香等[77]（2008 年）通过大型模型试验（模型槽内部尺寸：长×宽×高为 10m×2.5m×4.1m）分析了浸水对膨胀土中单桩承载特性的影响，研究了浸水过程中单桩的上升和胀切力的变化规律。试验结果表明：由于膨胀土浸水软化作用，膨胀土中桩的侧摩阻力和承载力明显降低，而由于膨胀作用，桩中产生胀切力而使桩上升。

王涛等[78]（2008 年）通过大比例尺模型试验（桩长 4.5m 和 2.25m、桩径 150mm）工程实测结果与弹性理论解进行对比，指出弹性理论解夸大了桩-桩、桩-土、土-土相互作用影响，造成沉降计算值偏大和过高估计桩顶反力的不均匀性和筏底地基土反力的不均匀性。据此，建议进行上部结构-基础-桩土共同作用的分析计算时，必须充分估计弹性理论解与真实值的差别，以工程实测和试验数据为基础对弹性理论解进行修正，方可获得较满意的计算结果。

谭慧明[79]通过河海大学自主研发的大尺寸模型槽对 PCC 桩复合地基褥垫层特性进行了足尺模型试验研究，丁选明[80]也通过此模型槽对 PCC 桩纵向震动响应进行了足尺模型试验研究，都取得了较为理想的试验效果。

国内外一些模型槽（箱）、试验坑设计参数如表 1-3 所示，从表中可以看出，有不同的试验目的可以设计成不同尺寸、不同材料的模型槽，但总的趋势往大尺寸模型槽方向发展，因其相对来说更接近于现场实际情况。

模型槽（箱）、试验坑设计参数比较 **表 1-3**

设计者	长(m)	宽(m)	深(m)	所用材料	试验目的
Pan et. al[81]	0.57	0.321	0.215	钢板	被动桩的桩土作用
Tamotsu et. al[82]	0.60	0.30	0.30	钢板和钢化玻璃	被动桩受荷机理
Cao Xiaodong[83]	1.70	0.24	0.80	钢筋混凝土	桩-土-筏板共同作用
Onuselogu，殷宗泽[84]	2.10	1.65	1.05	钢筋混凝土	桩-土共同作用
宰金珉[76]	2.00	1.00	1.50	角钢支架和钢化玻璃板	桩筏基础非线性共同作用
王幼青、张可绪[85]	5.00	2.50	3.00	试验坑	桩-土共同作用
王年香[77]	10.00	2.50	4.10	钢筋混凝土	桩-土相互作用
刘汉龙[86]	5.00	4.00	7.00	钢筋混凝土、钢化玻璃板与钢板	桩土相互作用

1.3.1.3 模型试验

J. L. Pan 等[81]（2000 年）为了分析被动桩变形以及确定作用在桩侧的极限土压力，特设计了一个长 570mm、宽 321mm、高 215mm 的模型箱，由 15mm 厚的钢板制作而成，其中还设计了一个长宽高为 300mm、300mm、200mm 取样箱用于土样的制作，有 10mm 厚的钢板制作而成。模型桩为长 295mm、宽 20mm、厚 6mm 的钢板。试验结果得出，作用在被动桩上的极限土压力为 10.6 倍土体的不排水抗剪强度。

Finno[87]（2002 年）对建造在白云岩中的微型嵌岩桩进行了一系列的荷载试验，桩体是直径为 175mm 的钢管，钢管与岩石之间注入水泥浆，在钢管安装有应变计以测量荷载试验中桩身的轴向应变。试验结果表明：由于桩身水泥与周围岩石界面的结合强度大于水泥与钢管界面的强度，在加载过程中只在钢管-水泥界面产生了破坏，而水泥-岩石界面则保持完好。

Lee 等[88]（2005 年）为掌握承台与群桩的相互作用机理，在砂土中进行了单桩竖向载荷试验、不带承台群桩载荷试验、地基平板载荷试验、高承台群桩试验和底承台群桩对比模型试验，模型桩长 60cm，直径 32mm，3×3 群桩，有 64mm、96mm、128mm、160mm 四种不同的桩间距，对比分析了承台与群桩的相互作用机理，得出承台能显著提高群桩的承载力，并分析了承载力中各个组成部分的影响因素。

吴迈等[26]（2004 年）为掌握水泥土组合桩荷载传递机理，进行了 3 根模型桩试验，桩径 250mm，桩长 2000mm。桩 Z1、Z2 为内插预制钢筋混凝土芯桩的水泥土组合桩，Z3 为水泥土搅拌桩。试验结果表明，由于芯桩的存在，水泥土组合桩的单桩竖向极限承载力明显高于水泥土搅拌桩；芯桩承担了大部分的桩顶荷载并通过其桩侧和桩端传递给水泥土，水泥土进一步通过桩侧和桩端阻力传递给桩周（端）土，实现了荷载的有效传递。

王多垠等[89]（2007 年）为了研究桩和岩体在此工况下的工作特性，进行了室内模型试验。试验通过对现场原型岩体和桩的综合分析，得出了一些有益的结论。试验结果对软质基岩横向承载力桩的研究和设计具有重要参考价值。

王耀辉等[90]（2007 年）对两个嵌岩桩模型进行荷载试验，将其中一个加载至破坏。试验结果表明，破坏发生在桩/混凝土界面，而桩身及岩体内部均保持完好，桩/岩石界面上的摩阻力分布是非均匀的，模型桩破坏时在嵌岩段上部产生的摩阻力大于下部的值。

张建新等[91]（2008 年）以嵌岩桩为例，通过进行室内模型试验分析，研究了桩端阻力与桩侧阻力的相互作用。结果表明，桩端岩层对桩侧阻力有较大影响，表现为随着桩端岩石强度越高，桩侧阻力有增大现象，但这种桩侧阻力的增强效应并不发生在整个桩侧，只集中在桩端附近，反过来，较好的桩侧岩层又可使桩端阻力增大。利用此种相互作用关系可提高桩的承载力，优化桩基设计。

卢成原等[92]（2008 年）为研究在粉黏土中支盘桩在重复加载下的工程性状，在粉黏土中进行一次加载试验，测出其极限承载力，分别对一个双盘模型支盘桩在其极限荷载和 0.75 倍极限荷载的条件下各进行了 5 次重复加载卸载试验。试验采用 0.8mm 厚钢板制作的桩身直径为 50mm，盘直径为 120mm，桩长 580mm 的模型桩。试验在直径 600mm、高 600mm 的铁桶中进行。根据试验结果，分析了在该土层中支盘桩的承载力和变形特性，研究了重复荷载作用下模型支盘桩在粉黏土中荷载传递的特点、桩身不同位置压力变化的特点，特别是对桩周土体对桩侧表面产生的摩擦力出现复杂变化的原因进行了分析，同时还分析了离盘不同距离的土体在重复加载过程中的压力变化情况和原因。研究结果表明，不同强度的荷载重复作用下对桩的沉降变形的收敛影响很大；支盘桩和桩周土体的相互作用机制十分复杂，因此要充分认识支盘桩在重复荷载作用下的工程性状和荷载传递机制还要做大量的研究。

总结三种试验的优缺点如表 1-4 所示。

三种试验的优缺点　　表 1-4

试验类型	优点	缺点	使用范围
现场原位试验	真实反映桩土相互作用本质	投入大、布设检测仪器困难、无重复性	有试验条件的实际工程或试验场地
足尺模型试验	布设仪器简单、接近于现场试验	投入较大、可重复性有一定的难度	无现场试验条件或现场布设仪器困难情况下必须做的相关试验
模型试验	布设仪器简单、可重复性好	与现场条件差别较大，只能定性分析相关规律	需要系统分析桩土相互作用的多个重复试验

JPP 桩由于现场存在布设试验仪器难度大等困难，综合考虑最终选择了在河海大学岩土所自行研发的大型桩基模型试验系统（尺寸为 4m×5m×7m）中进行足尺模型试验。

1.3.2 理论研究

目前，对桩基荷载传递的理论研究方法大体可以归纳为五种方法，即：荷载传递法，剪切位移法，弹性理论法，有限单元法，变分法。

(1) 荷载传递法

荷载传递法是 Seed 和 Reese[93] 于 1957 年首先提出的计算单桩荷载传递的方法，他们根据旧金山淤泥的现场测试结果，提出了桩侧摩阻力和位移的关系。这种方法的基本思路是把桩沿长度方向离散成若干弹性单元体，每一单元与土体之间（包括桩尖）都用非线性弹簧联系，这些非线性弹簧表示桩侧阻（或桩端阻）与剪切位移（或桩端位移）之间的关系，通常称其为荷载传递函数或 τ-z 曲线。国内外学者提出了多种形式的荷载传递函数，如佐藤悟假定其为理想弹塑性的双折线模型[94]，Kraft 等[95] 提出考虑侧摩阻力非线性性质的双曲线模型，肖昭然等[96] 考虑土体的连续性，结合双曲线模型和 Randloph 桩侧土位移弹性解答，提出了新型的荷载传递模型，Vijayvergiya[97]、国内学者徐和[98]、陈竹昌等[99] 亦根据经验分别提出了各具特点的荷载传递模型。此外，一些学者用间接方法测定荷载传递关系，如 Seed 等[93] 使用十字板剪切法测定土的抗剪强度与扭转位移的关系，Clough 和 Duncan[100] 用直剪试验研究土与混凝土接触面的力学特性，清华大学胡黎明等[101] 使用改进的直剪仪进行了砂土和结构物接触面的剪切试验。

一般来说，形式简单的荷载传递函数较利于工程应用，而桩土界面摩阻力的发挥是一个非线性非弹性问题，仅用传递函数的简单形式描述必然引起误差，而可准确描述桩侧阻性质的计算模型形式复杂，求解难度大，不利于工程应用，故众多传递函数中，线性模型应用最广。如曹汉志[102] 分析华南地区大量实测资料后认为桩侧荷载传递曲线一般为非线性塑性型，桩端为非线性弹性硬化性，因此他提出将桩侧荷载传递函数简化为理想弹塑性模型，将桩端简化为线弹性硬化模型，并用五个参数来描述。陈龙珠等[103] 提出桩侧传递函数用线弹性硬化模型描述效果较好。刘杰等[104] 提出用三折线模型可描述桩侧土应变软化等性质。赵明华等[105] 提出统一的三折线模型，其可经适当改变参数后，描述桩侧土应变软化、应变硬化等各种特殊性质。

荷载传递法以其简便直观的特点在实际工程中得到了较为广泛的应用。可以看出，荷载传递方法的关键是能否建立一种真实反映桩土界面应力和位移关系的传递函数。该传递函数的取得主要有两种途径：一是通过现场测试获得，二是根据一定的经验及机理分析研究得到的理论传递函数。

虽然荷载传递法获得广泛的重视，但它的缺点是：任意点桩的位移只与该点的侧摩阻力有关，而与桩身上其他点的应力无关，因而没有考虑土体连续性，当用于群桩分析时必须借助于其他连续法的理论。

（2）剪切位移法

剪切位移方法最初是由 Cooke（1974 年）在试验和理论分析的基础上建立起来的，用于分析均质弹性地基中刚性的纯摩擦桩的性状。Randolph 和 Worth（1978，1979）在 Cooke 的基础上做了进一步的研究。20 世纪 70 年代，Cooke 等[106-108]提出了摩擦桩的荷载传递模型，认为基桩沉降主要由桩身荷载的传递引起，其基本思路是假定当荷载水平 P/P_u 较小的，桩在轴向荷载 P 作用下沉降较小，桩与土之间不产生相对位移，因此桩沉降时，周围土体也随之发生剪切变形。剪切力在桩侧表面沿径向向四周扩散到周围土体中，使桩周土发生剪切变形，这种剪切变形向周围传递，形成了桩周土的形如锥形的沉降。剪切位移法分析时假定桩侧上、下土层之间没有相互作用，此外，认为摩擦桩在工作荷载作用下，桩端承担荷载较小，可略去，即假定桩沉降主要由桩侧荷载传递引起。其计算结果与弹性理论相符，计算公式简单。

1978 年，Randolph 等[109]对该法进行了修正，将桩身和桩端变形分别计算：桩身部分由于荷载传递到周围土体，使其发生剪切变形，而剪应力又通过桩侧周围连续环形土单位向四周传播，最终在桩端水平面处产生向下的局部沉降；桩端部分可按一般弹性理论法计算沉降量，Randolph 认为桩端可视为刚性压块，采用 Boussinesq 公式求解，最后考虑两个沉降量相容条件，即可求解基桩的轴力、位移和桩侧摩阻力，基于 Cooke 假设推导了可压缩桩的单桩解析解，并将单桩解推广至群桩解情况（Randolph，1979 年）[110]。Rajapakse（1990 年）[111]结合变分方法，分析了非均质土中（Gibson 土）受轴向荷载的弹性桩在工作荷载下的性状，并用 Green 函数建模，得到了单桩的荷载传递特性。宰金珉、杨嵘昌等[112-114]推广了 Cooke 提出的剪切位移法，认为桩周土体处于弹性状态和塑性状态，并认为土的剪变模量并非为一常数，从而形成桩周土非线性剪切位移场的广义剪切位移法，并将剪切位移法推广到塑性阶段，从而得到桩周土非线性位移场解析解，进一步与层状介质有限层方法和结构的有限元方法联合运用，给出了群桩与土和承台非线性共同作用的半解析半数值结果。Richwien 和 Wang（1999 年）[115]对 Randolph 给出的计算程序进行了改进，将土的本构关系建模为幂级数关系，并以此来计算单桩的沉降。Mylonakis（2001 年）[116]以剪切位移方法为基础，将桩土接触面建模为文克尔（Winkler）弹簧，将竖向土剪切阻力与相应的沿桩身产生的与深度有关的弹簧位移分开考虑，从而准确地描述了桩土间的作用，并推导了一种简单的理论模型用于分析在均质土中的端承型圆桩受到轴向荷载的情形，得到了桩的位移、与深度相关的文克尔系数和与桩顶沉降相对应的平均文克尔系数。肖宏彬等[117]用广义剪切位移法分析多层地基中的桩，且讨论了桩侧摩阻力分布模式，聂更新等[118]用广义剪切位移法解算基桩沉降，赵明华等[119]用其分析了长短桩复合地基。

可以知道，剪切位移方法也是要得到桩侧位移与桩侧摩阻力之间、桩端位移与桩端阻力之间的关联关系，以此来分析桩基础的性状。所以可以说剪切位移法与荷载传递法有一定的相似性，但是剪切位移法可以得到距离桩一定位置处土体的位移，这一点对于在以单桩分析的基础上进一步对群桩进行分析是有好处的。但剪切位移法不考虑上、下土层之间的作用，并认为地基土的剪切变形是线弹性的，也不考虑桩、土间滑动，这些均与桩的实际工作性状有较大的差别，不适用于摩擦桩，并且在分析群桩时存在一定困难。

（3）弹性理论法

弹性理论法是比较完善的桩基础沉降计算方法，它把土看作均匀、连续、各向同性、具有弹性模量 E 和泊松比 ν，桩侧完全粗糙，桩端平滑，并认为桩-土之间能保持弹性接触和位移协调，桩身的任一点的位移利用 Mindlin 解（1936 年）给出，忽略桩与土的径向变形，只考虑桩在竖向荷载下的竖向变形。分析时把桩身及桩周土分为若干段，每段以荷载代替，分别求得土的位移方程和桩身位移方程后，再根据桩土接触面的位移协调条件，就可以得到单桩的差分方程，通过对这个差分方程求解，即可获得桩侧摩阻力、桩端阻力以及每一桩段的位移和轴力。

从 20 世纪 60 年代开始，许多研究者以弹性理论为基础对桩的性状进行了大量的研究。如 Appolonia&Romualdi（1963 年）[120]，Poulos&Davis（1968 年）[121]，Mattes&Poulos（1969）[122] 等。随后，Poulos and Davis（1980）[123]将弹性理论法进行了归纳和总结，并且给出了一系列的设计图表，成为后来进一步研究的基础。后来的一些研究者在 Poulos 的成果基础上，考虑了土体的分层性质，将弹性理论推广到成层土的研究中。

Lee（1990 年）[124,125]考虑了土层的弹性模量和层厚的影响，并且认为土体的应力不受土体非均质性的影响。对于土层弹性模量随深度变化的 Gibson 土，Banerjee&Davis（1978 年）[126] 提出将土层分为两层弹性模量不变的土层，并将其应用于边界元。Rajapakse（1990 年）[127]运用积分变换技术求解了基于 Gibson 土的解析解（对应于弹性半空间体的 Mindlin 解），并将其运用于桩基问题中。Lee（1991 年）[128]考虑土体的各向异性和横观各向同性性质，以弹性理论方法为基础求解了单桩在轴向荷载下的性状。杨敏等（1992 年，1993 年）[129,130]以边界单元法为基础，采用 Mindlin 应力解为基本解，结合实际地基的非均质情况，在中间处理过程中对这个基本解进行修正，不断逼近真实解，使得得到的结果能够近似适用于多种的实际地质条件，并在数十根单桩试验结果分析的基础上建立了土参数的选取方法。Ta&Small（1996 年）[131]尝试将层状弹性体的有限层分析理论引入到桩基础的分析中，以解决 Mindlin 解适用于均质半无限弹性体的局限性。

另外，Geddes（1966 年）[132]根据半无限弹性体的 Mindlin 应力解答，假定桩侧土反力沿桩轴线按梯形分布，由此解出单桩在荷载作用下的应力系数，得出了单桩的应力解。杨敏等（1997 年）[133]利用 Geddes 应力解计算单桩沉降，并做了较为详细的讨论和研究。

艾智勇等（2000 年，2001 年）[134,135]根据弹性层状理论，运用矩阵递推技术得到了多层地基内部作用一集中荷载时应力与位移的一种简明解析表达式，此公式称为广义 Mindlin 解答，用于轴向荷载或水平荷载作用下分层地基中单桩的分析。

李素华等（2003 年）[136]基于弹性理论法建立了一套更接近实际的桩土体系模型，提出了一种新的计算分析复杂地基模型的桩基础计算分析方法——广义弹性理论法，该法克服了以往传递函数法中各点位移只与该点的桩侧摩阻力有关的缺点和传统上的弹性理论中不考虑桩-土相对滑移的局限性。该方法与荷载传递法、线性变形层模型、镜像法相结合，利用改进的 Mindlin 解[137]，对复杂地基中桩基承载性能进行了计算研究。

弹性理论法，将土体看成均匀各向同性的线弹性半空间体，用弹性模量和泊松比两个变形指标表示土的性质，土的非均质性和桩土变形非线性没有得到体现；假定桩土之间位移协调，即桩土之间不发生滑动，桩土之间的滑移和脱离没有得到合适的模拟，仅在荷载较小时能得出较准确的解，荷载较大时，则会产生较大的偏差。

由于计算机技术和数值分析的进步，加上以 Poulos 为代表的学者们在这一领域的杰出工作，弹性理论法在今天已发展成为一种能得以实施的、较完整的理论体系，并已成为讨论基桩和桩基础性状的重要理论依据之一。

（4）有限单元法

随着计算机水平的不断提高，有限单元法、有限条分法、有限层法等许多数值分析方法相继被提出。众多数值方法中，有限单元法发展较为成熟。

有限单元法是建立在固体变分原理基础之上的。用有限元进行分析时，首先将被分析物体离散成为许多个小单元，其次给定边界条件、荷载和材料特性，再求解线性或非线性方程组，得到位移、应力、应变和内力等结果。所得到的结果不是准确解，而是近似解。但足以满足大多数实际工程的需要，因而成为行之有效的工程分析手段。有限元方法可以分析形状十分复杂、非均质的各种实际的工程结构，可以在计算中模拟各种复杂的材料本构关系、荷载和边界条件；可以进行结构的经历和动力分析，结合前后处理技术可以进行方案的优化和选择，并且可以迅速用图形直观地表现出来。

Clough 等（1971 年）[138]首先将有限元引入到土力学计算分析中。由于其解决问题的可靠性和有效性，有限元法在桩基工程中也得到了广泛的推广和应用。Ottaviani（1975 年）[139]将三维有限元用于群桩分析，也得到了桩尖外有小范围的拉应力区的讨论。Cheung 等（1991 年）[140]考虑了土体的弹塑性性质和分层性质来进行单桩性状的分析。

在国内，陈雨孙等（1987 年）[141]在桩土之间引入了节理单元以模拟桩土之间的滑移，对纯摩擦型的钻孔灌注桩进行了有限元分析。安关峰等（2000 年）[142]采用板单元模拟承台、实体单元模拟桩与土，通过建立连接单元与三维实体单元的有限单元解决两个不同单元的连接问题，并在此基础上计算了带承台单桩的蠕变沉降、桩身轴力与桩侧摩阻力，分析了蠕变对于单桩性状的影响。吴鸣等（2001 年）[143]采用层状各向同性弹性半空间地基模型，运用有限元-有限层法对大变形条件下桩土共同工作性状进行了分析，并且开发了相应的实用计算程序。陈开旭等（2003 年）[144]在二维有限元中采用了有厚度接触单元对基桩沉降进行了研究。

可以看出，随着各种数值计算方法的改进与发展，有限元方法可以和其他方法联合应用，取长补短，以期提高计算效率。

（5）变分法及其他方法

边界单元法亦称积分方程法，即把区域问题转化为边界问题求解的一种离散方法。边界元法是数值计算中较为成熟的一种方法，在分析桩基础的性状时对桩土界面进行离散，在接触面上仍然采用弹性理论模拟土的性状，建立桩-土节点的位移协调关系和力的平衡关系。许多研究者都将这种方法应用于桩基沉降分析之中。Butterfield 和 Banerjee（1971年）[145,146]最早分析了带刚性承台的埋置于均匀弹性土体中的桩基础，随后 Banerjee 和 Davis（1978 年）、Poulos 和 Davis（1980 年）等都用这种方法对桩基进行了理论分析。由于边界元法是建立在弹性理论分析的前提之上的，因此它与弹性理论解一样很难直接应用于非均质土中。

混合法，顾名思义，就是将几种方法结合起来使用而形成的方法。一般来说，混合法目前主要集中在三个方面：一是半解析半数值方法；二是用荷载传递法、剪切位移法来分析单桩，以此为基础分析桩-土-桩之间的相互作用时采用弹性理论法或剪切位移法；三是有限元方法与边界元法耦合的方法。

半解析半数值方法是解析与数值手段相结合的方法，兼备解析与数值方法的优点，并在很大程度上克服了两者的缺点。张崇文等（1995 年）[147]将有限层方法与有限单元方法结合起来以解决三维空间的桩土相互作用问题。宰金珉（1996 年）[148]在剪切位移法的基础上推广到塑性阶段从而得到桩周土体的非线性位移场解析表达式，将层状介质的有限层方法与结构的有限单元法联合使用，给出了群桩与承台和土非线性共同作用分析的半解析半数值方法。

而另外一种混合方法，即用荷载传递法、剪切位移法等来分析单桩受力机理，用 Mindlin 解或剪切位移理论来考虑群桩之间的相互作用，由于荷载传递方法较好地反映桩侧土的成层非均质性，Mindlin 解或剪切位移理论又被人们所熟悉，因此这一类混合法是目前常用的群桩基础的非线性分析方法。可以知道，这种混合方法在理论上是近似的，而且要经过一定的修正才可以应用于实际工程中。Chow（1986 年，1987 年）[149,150]和 Lee（1991 年，1993 年）[151,152]等人做了较多的研究工作。

混合方法在桩基础的分析中越来越受到欢迎，尤其在单桩分析的基础上进一步分析群桩的非线性时得到较多的应用。

除了以上方法外，还有其他一些方法，Shen（1997 年，1999 年）[153,154]基于最小势能原理的变分法在群桩沉降分析中十分活跃。采用最小势能原理时，变分的过程与有限单元法中建立节点位移和节点力方程的步骤一样，只是这种方法不需要像有限单元法那样进行离散，而是假定一个含有有限个未知常数的桩位移函数（如幂级数）。由于不需要离散单元，对计算机的容量要求相对较低，因此该方法尤其适用于大规模群桩的沉降分析。

可以看出，以上所介绍的每一个方法都各具特色，但相互之间却可以取长补短，岩土工程师可以结合实际情况选取适用的方法。

1.4 本书研究背景意义

1.4.1 JPP 桩研究现状及存在的问题

高喷插芯组合桩作为一种新型组合桩型，已在天津滨海新区以及唐山沿海工业区等地得到成功应用，取得了良好的社会效益和经济效益。但现阶段对于 JPP 桩的研究仅停留在实践阶段，关于成桩机理、高压旋喷桩和芯桩的优化组合、荷载传递机理、破坏模式、承载力合理计算公式的研究还不够成熟，还需从试验和理论方面做进一步的深入研究。

1.4.2 研究意义

作为一种新型桩，高喷插芯组合桩具有承载力大、工程造价低、适用地层范围广、穿透能力强、施工速度快、经济环保等优点，并且通过水泥浆与桩周土的均匀搅拌、插芯的挤密作用，使桩侧摩阻力、桩端阻力得到有效地提高，达到承载力等于甚至高于同直径的预应力管桩的目的。高喷插芯组合桩已在天津滨海新区小高层建筑、工业厂房、油罐区等工程得到了成功应用，取得了很好的加固效果。但是目前针对高喷插芯组合桩还没有开展系统的的研究，相关的荷载传递机理、设计计算理论、质量控制研究、加固效果评价等方面还没有开展理论及试验研究，成为高喷插芯组合桩进一步推广的瓶颈之一。在实际工程中，存在竖向荷载传递机理、承载力计算公式还不够成熟、还未提出适合 JPP 桩的简化计算分析理论等问题，所以有必要开展相关的试验研究及理论分析，探讨高喷插芯组合桩的荷载传递机理及承载力分析，以对高喷插芯组合桩有更深刻的了解和认识，从而提出较为合理的技术措施，以期更好地服务于实际工程，使此项技术得以更好地发展，既有理论上的重要意义，又有工程应用等现实意义。

1.5 主要研究内容和技术路线

1.5.1 主要研究内容

针对高喷插芯组合桩的荷载传递机理以及承载力计算通过足尺模型试验研究、理论分析、数值模拟等方法进行了研究。主要工作如下：

(1) 分析了 JPP 桩研发思路、桩型构造、施工工艺、质量检测、适用范围及技术特点，并结合该技术特点提出了一些合理化的建议；

(2) 以河海大学岩土所自主研发的大型桩基模型试验系统为依托，开展了同截面同尺寸 JPP 桩、混凝土灌注桩、高压旋喷桩对比足尺模型试验研究，通过埋设在 JPP 中的检测仪器，分析了 JPP 桩的竖向承载特性及荷载传递机理；

(3) 通过带承台 JPP 单桩足尺模型试验，分析了带承台高喷插芯组合桩的荷载传递特性，并与不带承台 JPP 桩试验结果作了对比分析。

(4) 根据 JPP 桩不同组合形式提出了承载力的计算公式，并通过工程实例验证了此公式的合理性。通过数值模拟对影响 JPP 桩承载力的主要因素进行了分析，提出了较为合理的组合结构形式。

(5) 依据数据不同的取舍分析了原模型、新息模型、等维新息模型三种不同的灰色计算模型 GM (1, 1)，通过对 JPP 桩达到破坏和未达破坏的现场工程实例的分析可知，三种计算模型都可以很好地预测 JPP 单桩极限承载力，其中等维新息模型虽步骤较多，但预测精度最高，可以较为准确地预测极限承载力。

(6) 基于最小势能原理提出了 JPP 单桩竖向承载特性的显示变分解答，并对影响竖向承载特性的主要因素进行了分析。

(7) 建立了 JPP 单桩荷载传递分析的简化计算方法。通过对模型试验进行计算，验证了计算方法的可行性和可靠性，并利用该计算方法对影响 JPP 桩荷载传递的主要因素进行了分析。

1.5.2 技术路线

主要技术路线如图 1-6 所示：

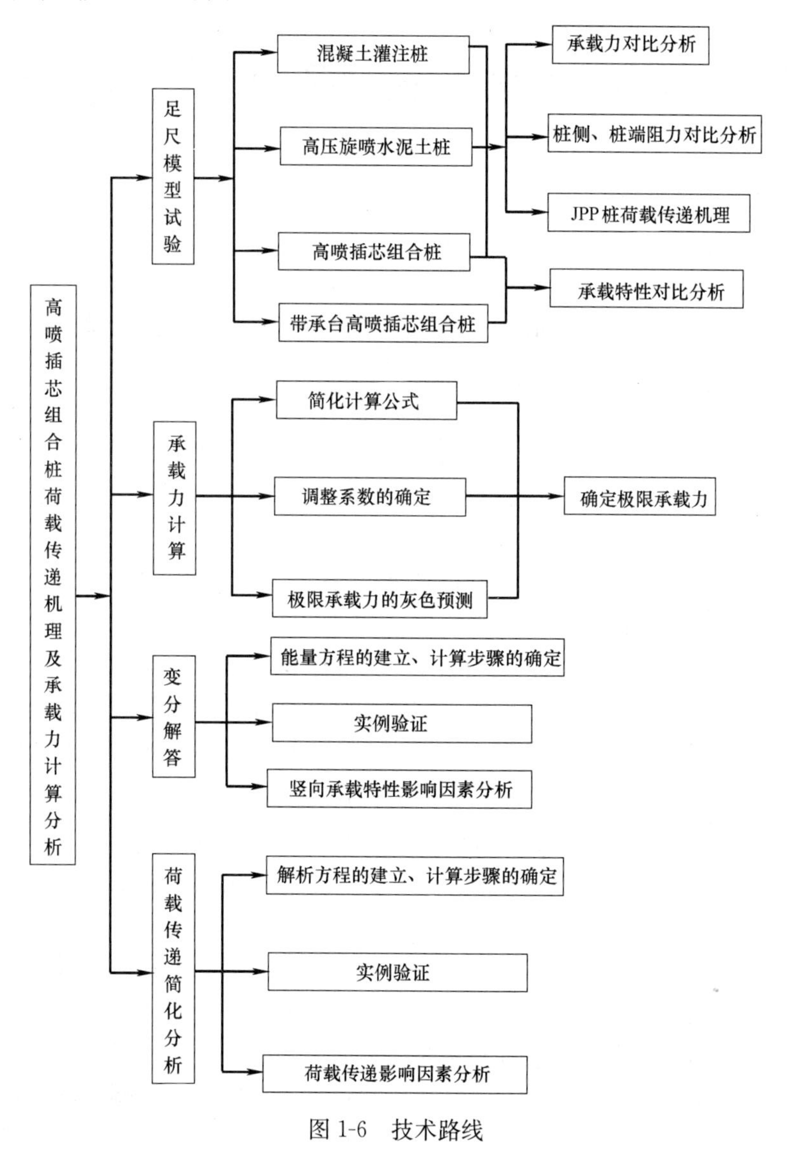

图 1-6 技术路线

第2章　高喷插芯组合桩技术及其特点

2.1　研发思路

随着国家经济建设的蓬勃发展，全国城镇建筑、市政建设、基础设施建设呈现出日新月异的兴旺景象。在我国沿海地区的建筑工程施工中，由于普遍存在地基土软弱，承载力偏低的特点，因而有建设就离不开地基处理、离不开地基与基础施工，用于地基处理的费用，每年数百亿元。因此近几年在建筑物的基础工程中，新技术、新工艺、新桩型不断涌现。一些工程质量安全可靠、工程施工方便快捷、工程造价合理节约的施工手段和措施越来越受到重视。

在我国地基处理工程中，预应力管桩具有桩身强度高、性价比较好、施工速度快、单桩承载力高、质量稳定可靠、施工现场简洁文明以及成桩质量检测方便等一系列优点[155-162]，在软土地基中得到了广泛的应用，但由于桩径一般较小，又加上桩侧表面比较光滑，提供的桩侧摩阻较小，若遇到粉土层或粉砂层这样坚硬的土层，很难穿透。与预应力管桩不同，高压旋喷桩[163-166]利用大的比表面积来提供较大的侧摩阻力，均匀性好，并且可以穿透坚硬的土层，已在许多工程中得到应用[167-172]；但同时存在桩身刚度不高、基础承载力低等缺点。这两种桩型的不足经常给设计和施工造成一定困难，给业主增大资金投入。鉴于上述桩型的不足，雷玉华先生与天津市华正岩土工程有限公司合作，经过3年多的试验研究发明出高喷插芯组合桩[173]（专利号：ZL03109768.5）。该桩型结合了预应力管桩抗压强度高、刚度大和高压旋喷桩侧摩阻较大、穿透能力强的优点，使两种桩型的优势充分发挥，同时克服了两种桩型的不足，是一种既经济又施工速度快的新桩型。

高喷插芯组合桩可充分发挥高压旋喷桩桩侧摩阻力大和芯桩桩身强度高的特点，通过高压旋喷对桩周土的加固、插芯的挤密作用、穿透硬土夹层和对桩端土进行加固，增大了桩侧摩阻力和桩端阻力，承载力显著提高，从而可以达到甚至超过同直径预应力管桩的承载目的。

高喷插芯组合桩有多种组合形式，主要组合形式如图2-1所示。

选型原则：

（1）高喷插芯组合桩的组合形式应根据地质条件、上部结构对承载力和变形的要求综合确定；

（2）高喷插芯组合桩组合段宜设置在性质较好的土层内；

（3）当桩长范围内存在硬土夹层时，宜在硬土夹层范围内设置组合段；

（4）当桩长范围内存在多层性质较好的土层时，可分段设置组合段；

（5）当桩端土较软或不均匀时，宜采用固底组合桩。

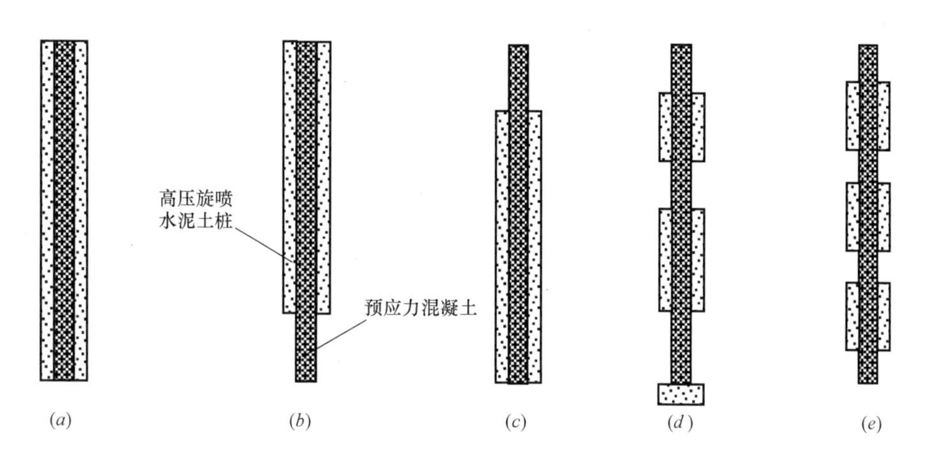

图 2-1 JPP 桩常用组合形式

(a) 全组合；(b) 上组合；(c) 下组合；(d) 固底组合；(e) 分段组合

2.2 桩型构造

高喷插芯组合桩（简称 JPP 桩）由高压旋喷桩和预应力混凝土桩组成，预应力混凝土桩称为内芯，高压旋喷水泥土桩称为外层。

2.2.1 预应力混凝土桩内芯

插入高压旋喷桩内的预应力混凝土桩通常称为内芯，预应力混凝土桩常采用高强预应力混凝土管桩（PHC）和预应力混凝土方桩，如图 2-2 所示。它具有承载力大，施工周期短、单位承载力造价低、成桩质量较好等优势，特别是随着新型静力压桩机械的投入使用，无噪声、无振动和无油烟等无环境污染的静压施工法得到较快发展。在高喷插芯组合桩实际施工中内芯常用 PHC 管桩，所以所研究的 JPP 桩内芯是施工中常用的 PHC 管桩。

图 2-2 JPP 桩内芯两种常用的形式

PHC 管桩具有以下优点[174]：

(1) 适应面广。适用于工业与民用建筑低承台桩基础，铁路、公路与桥梁、港口、码头、水利、市政、构筑物及大型设备等工程基础。

（2）管桩混凝土强度高。它采用了科学配比加掺合料、外加剂离心成型、压蒸养护等先进工艺，可确保混凝土强度等级不低于C80。

（3）桩身承载力高，抗弯性能好。它采用了先张法预应力张拉工艺，有较高的抗裂弯矩与极限弯矩。其桩身承载力比其他桩种高2～5倍。

（4）成桩质量可靠。采用的工业化大生产，有成熟的工艺和完整的质量管理体系支撑，可在生产全过程中有效地控制质量。

（5）对地质结构适应性较强。由于其密实耐打，有较强的穿透能力，对持力层起伏变化大的地质条件有较强的适应性。

（6）运输吊装方便，桩接驳迅速。成桩长度不受限制，用普通的电焊机即可实现接驳。

（7）文明施工，现场整洁，不污染环境，符合环保要求。施工机械化程度高，检测方便，监理强度低。

（8）经济效益好。其施工周期短，效率高，回报快，施工现场简单，便于管理，可节约施工费用，单位承载力造价低，综合经济效益好。

2.2.2 高压旋喷桩

高压喷射法（Jet Grouting），在我国又称为“旋喷法”，是20世纪70年代初期开发的一种新型地基加固技术，迄今已得到广泛的应用[175-182]。高压旋喷成桩技术是从水力采煤、静压注浆等相关技术中取长补短发展起来的一种软基加固技术，与化学注浆法和水泥注浆法在不同土质条件下的使用范围对比可知，化学注浆法、水泥注浆法主要适用于砂土、砾石，而喷射注浆法几乎适用于所有的土层。

2.2.2.1 高压旋喷技术发展历史

在地基加固方法中，有一种历史悠久的静压化学或水泥注浆法（Injection），它是将不同性质的硬化剂（化学药品或水泥），用压力注入地基中，用以改良土的性质。但是，在很多情况下，由于土层和土性的关系，其加固效果常不为人们所控制，尤其是在沉积的分层地基和夹层多的地基中，注入剂往往沿着层面流动；在细颗粒的土中，注入剂难以渗透到颗粒的孔隙中。因此，经常出现加固效果不明显的情况。但高压喷射注浆的出现克服了上述注入法缺点。

注浆加固地基技术的历史大致可分为四个阶段：原始黏土浆液阶段（1802～1857年），初级水泥浆液注浆阶段（1858～1919年），中级化学浆液注浆阶段（1920～1969年），现代注浆阶段（1969年以后）。

1802年，法国人查理斯·贝里格尼在修理第厄普（Dieppe）冲刷闸时，用一种木制冲击筒装置，人工锤击方法向地层挤压黏土浆液，被称为注浆的开始。此后，法国在19世纪中叶，应用这种注浆方法对建筑物的地基进行加固。这种方法相继传入英国和埃及。从1802年到1857年期间，注浆技术处于原始萌芽阶段。

直至20世纪60年代末期，出现了高压喷射注浆技术。将水力采煤技术与注浆技术结合起来，用水或浆切割土层形成空穴再将浆液与土层搅拌固结成形，克服了软土注浆难以控制的不足。

20世纪70年代初期，日本最先把高压喷射技术用于地基加固和防水，形成一种特殊的地基加固技术，即所谓CCP工法（Chemical Churning Pile），此后，20世纪70年代中期又开发了同时喷射高压浆液和压缩空气的二重管法（Jumbo Special Pile）以及同时喷射高压清水、压缩空气和低压浆液灌注的三重管法（Columu Jet Pile）。在三重管高压旋喷注浆法的基础上，开发的 SSS-MAN 施工法（Super Soil Stabilizaion Management）和超高压旋喷注浆法（Rodin Jet Pile）RJP 工法，旋喷直径最大可达 4m，其研究的全方位高压旋喷注浆法（MJS 工法），是一种全方位（水平和倾斜方向）大孔径旋摆喷技术，该技术包括喷头测试装置和排泥处理装置。近年来，日本又把高压喷射注浆法与深层水泥浆搅拌法结合起来，同时发挥机械搅拌和射流搅拌两者的优点，形成了深层喷射搅拌混合法。这些方法经过不断改进，已经成为实用化的方法，在许多国家和地区获得应用。我国自20 世纪 70 年代中期开始进行试验和应用，目前已经形成成熟的地基加固工法，其中三重管法已被列为国家级工法。铁道部科学研究院、冶金部建筑研究总院、山东省水科所等为我国发展此项技术作出了积极的贡献[183]。我国的工程应用在 20 世纪 90 年代进入了新的阶段，随着地下工程的发展，高压喷射注浆法已广泛用于工业与民用建筑、地铁、市政、水利与矿山建设中，其用途包括深基坑中隔水、坑底加固、挡土、盾构工程起始和终端部位土体加固，旧有建筑、桥梁基础补强，市政管线加固，水坝防渗等。

高压旋喷注浆是高压喷射注浆技术的一种，高压喷射注浆技术是在静压注浆的基础上，应用高压喷射技术发展起来的。由于静压注浆对颗粒细小的砂类土和含泥量大的黏性土等软弱地基，浆液不能均匀渗透，加固效果较差。随着科学技术的发展，高压水喷射流切割技术在水力采煤等方面的应用，为高压喷射注浆技术的产生创造了坚实的物质条件和理论基础。高压喷射注浆法是将带有特殊喷嘴的注浆管，置入土层的预定深度后，以20MPa 以上的高压喷射流，强力冲击土体，将浆液与土在水动力的作用下搅拌混合，经过凝结固化，便在土中形成固结体。固结体的形状和喷射流移动的方向有关，一般有旋转喷射和定向喷射两种注浆方式。定向喷射（简称定喷）施工时，喷嘴边喷射边提升，喷射方向固定不变，固结体形如壁状。定喷通常用于基础防渗，也可用于改善地基土的水流性质和稳定边坡等工程。旋转喷射（简称旋喷）施工时，在土层中钻一个孔径为 50～108mm 的小孔，喷嘴边喷射边旋转和提升。经过凝结固化的固结体呈圆柱状，固结柱体的直径为 0.4～2.0m，施工灵活简便，适用范围较大。采用不同的浆液配方，可获得所需的固结体强度。一般采用水泥浆液时，在黏性土中固结体的抗压强度可达 5～10MPa，在砂类土中可达 10～20MPa。高压旋喷注浆技术主要用于加固地基，提高地基的抗剪强度，改善土的变形性质。

我国于 20 世纪 80 年代引入这一技术，并列入《地基与基础工程施工和验收规范》GBJ 202-83。近几年来，我国在水工建筑和工业民用建筑中，已广泛采用于复合地基、软基处理、加固补强等工程实践中，取得了较好的经济效益。

黄河小浪底水利枢纽上游围堰防渗，有一小区段采用高压旋喷技术施工，布置为单排孔旋喷套接形式，使用双管法。长江三峡水利枢纽二期上游围堰左岸接头防渗有一小区段也采用高压旋喷技术施工，采用双管法和新三管法施工。都取得了良好的防渗效果和经济效益。

2.2.2.2 高压旋喷桩的加固机理

喷射注浆法加固地基通常分为两个阶段。第一阶段为成孔阶段，即采用普通的（或专用的）钻机预成孔或驱动密封良好的喷射管和带有一个或两个横向喷嘴的特制喷射头进行成孔。成孔时采用钻孔或振动的方法，使喷射头达到预定的深度。第二阶段为喷射加固阶段，即用高压水泥浆（或其他硬化剂），以通常为 20MPa 以上的压力，通过喷射管由喷头上的直径为 2mm 的横向喷嘴向土中喷射。与此同时，钻杆一边旋转，一边向上提升。由于高压细喷射流有强大的切削能力，因此喷射的水泥浆一边切削四周土体，一边与之搅拌混合，形成圆柱体的水泥与土混合的加固体，即通常所说的旋喷桩。

加固强度与单位加固体中的水泥含量、水泥浆稠度和土质有关。单位加固体中的水泥浆含量越高，喷射的浆液越稠，则加固强度越高。此外，砂性土中的加固强度显然比在软弱黏性土的加固强度高。

喷射注浆加固是在地基中进行的，四周介质是土和水，因此，虽然钻机喷嘴处具有很大的喷射压力，衰减仍然很快，切削范围较小。为了扩大喷射注浆的加固范围，又开发了一种将水泥浆与压缩空气同时喷射的方法。即在喷射液体的四周，形成一个环状的气体喷射环，当两者同时喷射时，在液体射流的四周就形成空气的保护膜。这种方法用在土或液体介质中喷射时，可减少喷射压力的衰减，使之尽可能接近在空气中喷射时的压力衰减率，从而扩大喷射半径。

从理论和工程实践分析，高压旋喷技术的作用和机理主要有以下几个方面：

（1）冲切掺搅作用

高喷技术主要是借助于高压射流冲击、切削破坏地层结构，使浆液在射流作用范围内扩散、充填与地层土石颗粒掺混搅合，凝固后形成凝结体，改变了原地层结构和组分，借以达到防渗或提高承载力的目的。

（2）升扬置换作用

高喷施工时，水、气或浆、气由喷嘴中喷出，压缩空气除能对水或浆液构成外包气层，使水或浆液射流能透入地层较远距离，并维持较大压力破碎地层结构外，在能量释放过程中，类似“孔内空气扬水”原理，还可产生升扬作用，将经射流冲击切削后的土石碎屑和地层中细颗粒由孔壁和喷射杆的环状间隙中升扬带出孔外，空余部位由浆液替代，同时也起到了置换作用。

（3）挤压、渗透作用

高喷射流强度依随射流距离的增加而较快地衰减，至射流束末端，虽不能再冲切地层，但对地层仍产生挤压作用。同时，喷射结束后，静压灌浆持续进行，对周围土体产生渗透作用。这样不仅可以促使凝结体与周围土体结合更加密实，还在凝结体外侧产生明显的渗透凝结层，具有较强的防渗性能，凝结层厚度依地层性状和颗粒级配情况而异，在渗透性较强的砂卵（砾）、石地层可达 10～15cm 厚；在渗透性弱的地层，如细砂层或土壤层，厚度则很薄。

（4）位移袱裹作用

地层中较小的块石，由于喷射能量大，辅以升扬置换作用，最终浆液可以填满块石四周空隙并将其袱裹。遇到大的块石或在块石集中区，应降低提升速度，提高比能值，在强大的冲击振动力作用下，块石会产生位移，浆液沿着块石四周空隙或块石间空隙渗入。在高压喷射、挤压、余压渗透，以及浆气生串综合作用下，产生袱裹作用，形成连续和密实的凝结体。

高压旋喷桩强度取决于土体性质和浆液等诸多因素，一般来讲，具有以下特点：

（1）在黏性土中的旋喷桩强度成倍小于砂性土中的旋喷桩强度；

（2）旋喷桩的强度随龄期的增长而增大；

(3) 旋喷桩的强度随水泥掺和量的强度而增大；

(4) 随掺入的水泥强度等级提高而提高；

(5) 在一定的粒度范围内，水泥的细度越高，旋喷桩强度越高；

(6) 旋喷桩的水泥掺合比相同时，其强度随天然土样的含水量提高而降低；

(7) 有机质含量愈高，其阻碍水泥水化作用愈大，旋喷桩强度降低愈多；

(8) 土体的 pH 值越低，旋喷桩强度越低；

(9) 旋喷桩固结体外表越粗糙，且本身抗压强度较高，具有较大的承载力；

(10) 固结体直径越大，旋喷桩的承载力越高；

(11) 旋喷桩的强度和承载力还与喷射方式、喷射技术参数、地层静水压力等因素有关。

2.2.2.3 高压旋喷桩加固方法分类

根据喷射方法的不同，喷射注浆法可分成单管法、双管法、三管法及新三管法。

单管法：采用高压将泵以 20MPa 以上的高压使浆液从喷嘴中喷射出去，冲击破坏地层。同时浆液充填和渗入地层间的空隙，并和被破坏后地层中的土石颗粒、碎屑掺混搅合在一起，凝固后形成凝结体。施工简单，有效范围较小。

双管法：直接用浆、气喷射地层，浆压可达 50MPa，超高压和大流量是其主要特点。采用高性能的喷射设备，使射浆有足够的射流强度和比能对地层进行切割破坏掺混搅拌。由于浆液黏度较大，对地层内细小颗粒的升扬置换作用明显。压力高，易于将地层挤压密实。因不采用高压水，故喷出的浆液不易被水稀释，相应地凝结体内水泥含量多，强度高。这种施工方法在目前当属先进，工效高、质量好、效果好，尤其适用于处理地下水丰富、含大粒径块石、孔隙率大的地层。

三管法：使用分别输送水、气、浆三种介质的三个管子（三管可以并列，也可同轴布设）组成的喷射杆，杆底部设置有喷嘴，气、水喷嘴在上，浆液喷嘴在下。喷射时，随着喷射杆的旋转和提升，先是高压水和气的射流冲击破坏地层土体，呈翻滚松散状态。随后以低压注入浓浆掺混搅拌，凝固后形成凝结体。目前国内高喷施工尚多采用这种方法，施工设备价廉易购，高喷质量一般均可满足设计要求。

新三管法：首先用高压水和气冲击切割地层土体，然后再用高压浆对地层土体进行二次切割和喷入。由于水的黏滞性小，易于进入较小空隙中产生水楔破坏效应，对于冲切置换细颗粒有较好的作用。高压浆液射流对地层二次喷射不仅增大了喷射半径，使浆液均注入被喷射地层，而且由于浆液喷嘴和气、水喷嘴间距较大，水对浆的稀释作用减小，使实际灌入的浆量增多，提高了凝结体的结石率和强度，高喷质量优于三管法，适用于含较多密实性充填物的大粒径地层。

喷射注浆法分类见表 2-1。

高压喷射注浆法分类　　表 2-1

方法分类	单管法	二管法	三管法	
喷射方式	浆液喷射	浆液、空气喷射	水、空气喷射高,浆液注入	
硬化剂	水泥浆	水泥浆	水泥浆	
常用压力(MPa)	20.0～30.0	20.0～50.0	高压	低压
			20.0～40.0	0.5～3.0
喷射量(L/min)	60～70	60～70	60～70	80～150

续表

方法分类	单管法	二管法	三管法
压缩空气(kPa)	不适用	500～700	500～700
旋转速度(r/min)	16～20	5～16	5～16
桩径(cm)	30～60	60～150	80～160
提升速度(cm/min)	15～25	7～20	5～20

2.2.2.4 高压旋喷桩的加固特点

高压喷射注浆法加固地基与其他地基加固方式相比，主要优点如下：

(1) 受土层、土的粒度、土的密度、硬化剂硬化时间的影响较小，可广泛用于淤泥、软弱黏土层、砂土甚至砂卵石等多种土质；

(2) 可采用价格便宜的水泥作为主要硬化剂，加固体的强度较高，根据土质不同，加固桩体的强度可为1.0～10MPa；

(3) 可以有计划地在预定的范围内注入必要的浆液，形成一定间距的桩，或连成一片桩或薄的帷幕墙，加固深度可自由调节，连续或分段均可；

(4) 采用相应的钻机，不仅可以形成垂直的桩，也可形成水平的或倾斜的桩；

(5) 可以作为施工中的临时措施，也可作为永久建筑物的地基加固，尤其是在对已有建筑物地基补强和基坑开挖中需要对坑底加固、侧壁挡水，对临近地铁及旧建筑物需加以保护时，这种方法能发挥其特殊作用；

(6) 基本不存在挤土效应，对周围地基的扰动小；

(7) 施工无振动，无噪声，污染小，可在市区和建筑物密集地带施工；

(8) 结构形式灵活多样，可根据工程需要，选用块状、柱状、壁状、格栅状。

2.3 施工工艺

2.3.1 施工机械

高喷插芯组合桩施工机械由高压旋喷桩桩机和芯桩桩机组成。

高压旋喷桩机应根据工程需要和土质条件选择，可采用单管法、双管法和三管法，其配套装置为灰浆集料筒、高压注浆泵、水泥浆拌合机，拌浆池等。高压旋喷桩机应配置深度计量、升降速度调节和显示、垂直度指示和调整装置及转速仪表等。灰浆集料筒和拌浆池可预先制作或在现场砌筑，并宜在集料筒内设置反映灰浆体积的刻度或标尺。高压注浆泵应采用可调式高压泵，并应配置压力表等计量仪器。

预应力混凝土芯桩可采用静压桩机或捶压桩机，其设备型号应与芯桩贯入阻力相匹配，并应配置垂直度调整和压（打）记录装置。

高喷插芯组合桩机是天津市华正岩土工程有限公司研制的专利产品，为同步实施高喷插芯组合桩作业而研制，整机为液压步履式，可实施高压旋喷、静力压桩、沉管灌注等作业。有条件时、应优先采用专用高喷插芯组合桩机。

2.3.2 施工作业

高喷插芯组合桩施工步骤根据高压旋喷桩和芯桩设计组合形式确定，可采用AB式和

BAB式，其中A表示高压旋喷施工，B表示预应力混凝土芯桩施工。

AB式施工步骤：①测量定位，高压旋喷桩钻机就位、对准桩位、调平；②不喷浆钻孔至设计旋喷底端；③边提升钻杆边高压旋喷注浆成桩至设计标高，提出钻杆，做好标记，高压旋喷钻机移到下一桩位；④静压桩机就位，芯桩对准旋喷桩中心，确认桩中心位置无误后，调整桩身的垂直度，压入芯桩至地面以下后，用送桩器将芯桩压至预定深度；⑤重复上述步骤进行下一根桩施工。如图2-3所示。

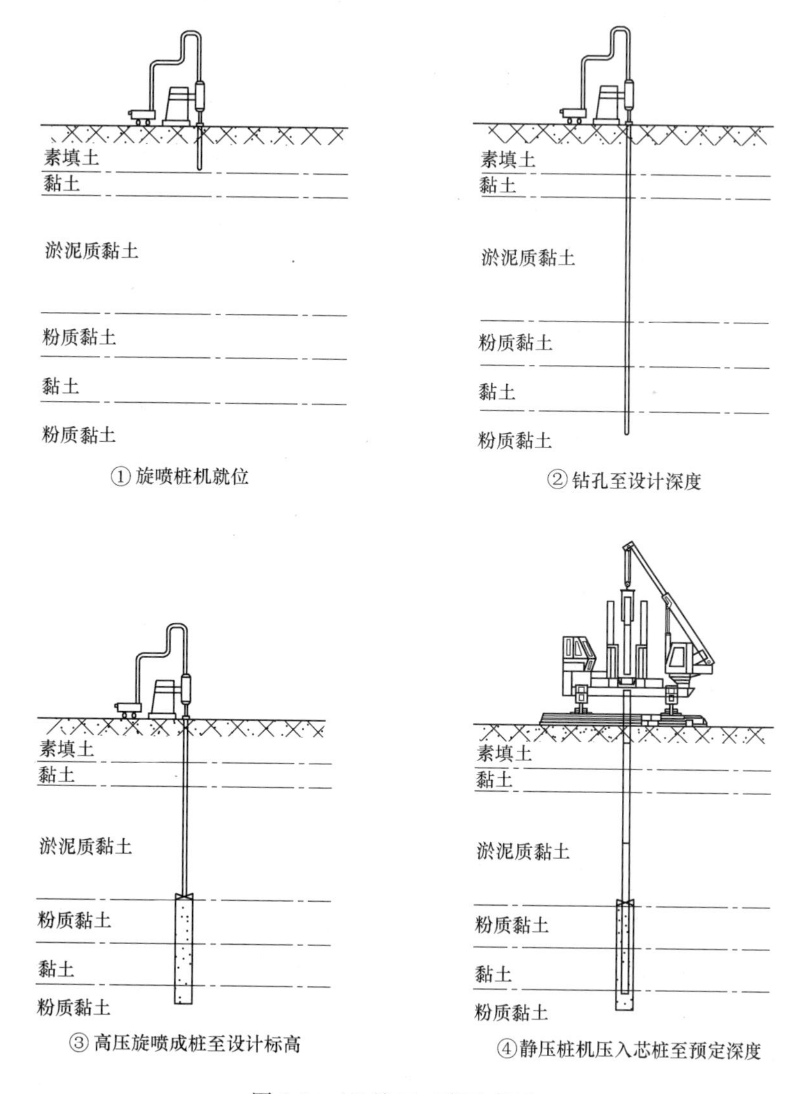

图2-3　AB施工工序示意图

BAB式施工步骤：①测量定位，预制芯桩桩机就位，吊桩、对准桩位，桩身对中调直，将上部芯桩施工到位，移开芯桩桩机；②高压旋喷桩机就位，将钻杆对准芯桩孔中心，下入钻杆，扶正调平，钻孔至设计标高；③边提升钻杆边高压旋喷注浆旋喷成桩，高压旋喷钻机移到下一个桩位；④芯桩桩机移机就位，调整桩身的垂直度，施工剩余芯桩；⑤重复上述步骤进行下一根桩施工。如图2-4所示。

现场施工时所用的高压旋喷钻机如图2-5（a）和图2-5（b）所示，静压桩机如图2-5

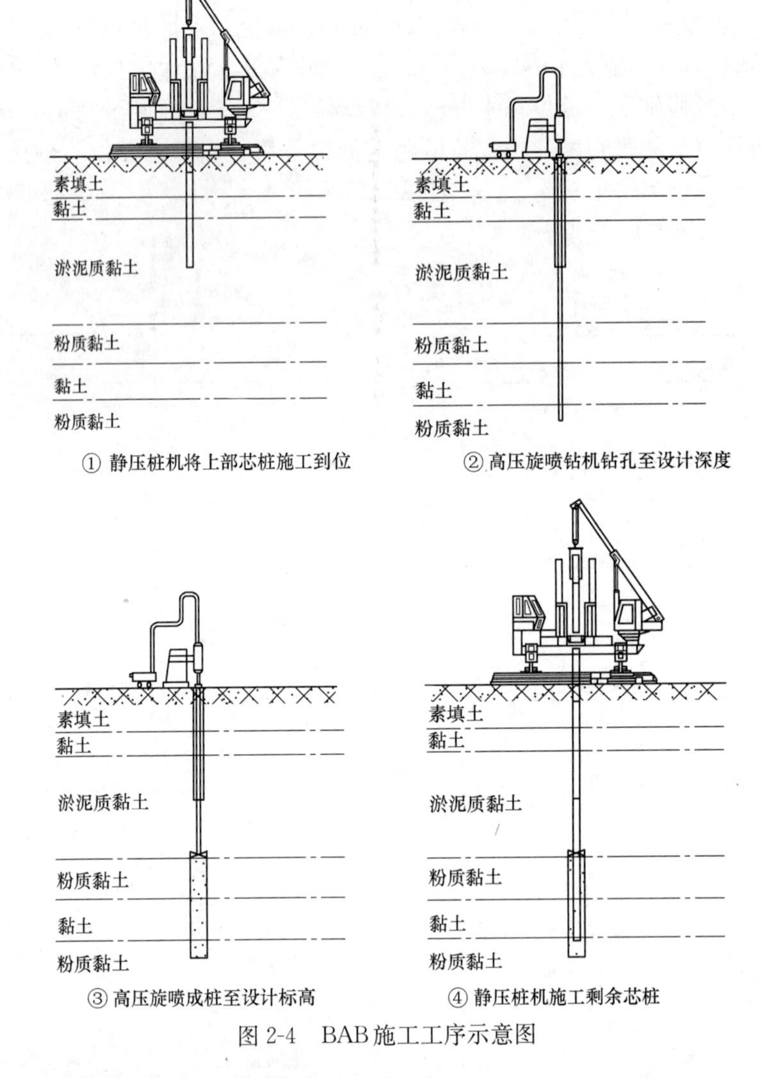

图 2-4　BAB 施工工序示意图

(*c*) 所示，锤压桩机如图 2-5 (*d*) 所示。

在高压旋喷桩施工中，对各类地层而言，若使用同一种施工方法，则水压、浆压、气压的变化不大，唯有提升速度变化较多，它是影响高压旋喷桩质量的主要因素，施工中应注意以下几个问题：

(1) 因地层情况不同而异，在砂土中提升速度可以快些，黏土或淤泥质黏土中应慢些，含有大颗粒块石或块石比较集中的地层应更慢些；

(2) 因高喷孔分序不同而异，先序孔提升速度可稍慢，后序孔相对来讲可略快些；

(3) 高喷施工中发现孔内返浆量减小时宜放慢提升速度；

(4) 应保持旋喷钻机底盘的水平和钻杆的垂直。

静压桩机在对噪声要求较高的居民密集区建筑物、市中心建筑物和医院学校等公共场所的建筑物桩基中使用，锤压桩机在对噪声要求较低的郊区建筑物桩基中使用。

静压管桩的施工程序为：测量定位一桩机就位一复核桩位一吊桩插桩一桩身对中调直一静压沉桩一接桩一再静压沉桩一送桩一终止压桩一桩质量检验一切割桩头一填充管桩

图 2-5　高压旋喷钻机和静压桩机以及锤压桩基

(a) 高压旋喷钻机；(b) 施工中的高压旋喷钻机；(c) 施工中的静压桩机；(d) 施工中的锤压桩机

内的细石混凝土。

静压管桩施工时应注意以下问题[184]：

(1) 同一工程中桩的规格、型号不应太多，以免造成施工困难，特别是注意避免造成施工错误。

(2) 接桩应连续进行，接桩面应保持干净，上下校中心线应对齐，偏差不大于10mm；节点矢高不得大于1%桩长。若采用焊接法接桩时，须分层均匀地将套箍对焊的焊缝填满，为加快施工速度，减少接桩时间，可设2～3名焊工同时同方向施焊，焊接后停约1min即可进行沉桩。

(3) 垂直度控制，调校桩的垂直度是沉桩质量的关键，须高度重视。插桩在一般情况下入土30～50cm为宜，然后进行调校。桩机驾驶人员在施工长的组织、指挥下，掌握好双方角度尺两个方向上都归零点，使桩机纵横方向保持水平，调校垂直在规范允许值以内才能沉桩。在沉桩过程中施工员随时观察桩的进尺变化，如遇地质层有障碍物、桩杆偏移时，应分一二个行程逐渐调直。管桩桩身不受损坏；桩帽、桩身和送桩的中心线应重合；压同一根桩应缩短停息时间。

(4) 沉桩线路的选定预应力桩基施工时随着入桩段数的增多，各层地质构造土体密度随之增高。土体与桩身表面间的摩擦阻力也相应增大，压桩所需的压入力也在增大。为使压桩中各桩的压力阻力基本接近，入桩线路应选择单向行进，不能从两侧往中间进行（即所谓打关门桩），这样地基土在入桩挤密过程中，土体可自由向外扩张，即可避免地基土上溢使地表升高，又不致因土的挤压而造成部分桩身倾斜，保证了群桩的工作基本均匀并符合设计值。

（5）管桩与承台的连接方式，工程管桩与承台采用刚接。管桩的桩头均采用专用工具锯断，断口平齐，故不能利用桩身内的钢筋伸入承台作为连接的钢筋。在桩头的桩管内填充至少 1.5m 高的 C30 以上细石混凝土，并在混凝土中均分插入不少于 6ϕ14 钢筋与承台连接。

（6）适当限制压桩速度，沉桩速度一般控制在 1m/min 左右为宜，使各层土体能正确反映其抗剪强度。当地基表层中存在大块石头等障碍物时，要避免压偏。

2.4 质量检测

高喷插芯组合桩质量检测采用常用的三种方式进行：

（1）现场开挖：检测高压旋喷桩的直径，检查桩身的外观质量，在桩基完工半个月后进行，现场开挖及量测直径如图 2-6 所示。

图 2-6　现场开挖及量测直径

（2）低应变动力检测：采用反射波法对桩身完整性进行检测以及检测管桩接桩的良好程度；

（3）单桩或复合地基载荷试验：对单桩承载力或复合地基承载力进行检测，在成桩 28d 后进行（达到水泥土的 28d 龄期强度），并钻孔取芯检测水泥土抗压强度，现场取芯照片如图 2-7 所示。

图 2-7　水泥土现场取芯照片

2.5 JPP桩技术优点和缺点

高喷插芯组合桩技术已在小高层建筑、工业厂房、油罐地基加固以及基坑支护等工程中使用，工程实践已表明该桩型有助于提高承载能力、节约成本、缩短工期，与旋喷桩与预应力管桩相比，优越性较明显，主要优点如下：

（1）承载力大：通过高压旋喷桩与芯桩的有效组合，大大增加了桩的侧摩阻力和端阻力，使桩的承载力大大提高。

（2）工程造价低：与同承载力其他桩型相比，工程造价降低。

（3）适应地层广：淤泥、淤泥质土、黏性土、粉土、素填土等。

（4）帷幕止水支护：可作帷幕止水支护桩，克服了深层搅拌桩只能止水不能支护的不足。

（5）穿透力强：通过高压旋喷使粉土、粉砂层变软，解决预制桩难以穿透粉土、粉砂层的不足。

在天津地区，特别是天津滨海新区，工程地质条件一般是上软下硬，且间隔一定深度就有一段硬夹层。采用预应力管桩等预制桩存在难以穿透较厚硬土层的问题，采用钻孔灌注桩造价高又有泥浆污染。采用高喷插芯组合桩不仅能够提高单桩承载力和性价比，还可以解决预应力管桩、混凝土预制方桩等预制桩穿透较硬土层的难题，又无钻孔灌注桩泥浆外排污染问题。

（6）地表承载力要求低：通过高压旋喷对硬土层处理，使管桩静压更容易，减轻配重，桩机重量变轻，大大降低对地表承载力要求。

（7）施工速度快：PHC管桩已工业化生产，并且价格比较便宜，事先从管桩公司拉运到施工现场，采用静压、沉管工艺，施工速度快。

（8）防腐蚀：天津滨海地区存在不同水土腐蚀性问题，高喷插芯组合桩组合段可以提高预应力管桩等芯桩的防腐能力。

（9）对天津保税区的30d龄期的高压旋喷桩取芯检测结果表明，深度增加而旋喷后水泥土的强度无明显下降，说明通过高压旋喷能够保证深层土层形成的水泥土强度，解决了深层搅拌桩搅拌深度有限和搅拌水泥土强度随搅拌深度的增加而明显下降的难题。

（10）高喷插芯组合桩如采用静压芯桩工艺，无噪声、无振动，经济环保。

当然，JPP桩还有一些缺点和不足。高压旋喷水泥浆时，由于注浆压力较大，有一定量的水泥浆冒出地面，造成一定的环境污染。另外，在实际施工中，管桩插入高压旋喷桩时，很难充分保证插芯施工时管桩与高压旋喷桩同心。

2.6 适用范围

由于高压喷射注浆法受土层、土的粒度、土的密度、硬化剂硬化时间的影响较小，可广泛用于淤泥、软弱黏土层、砂土甚至砂卵石等多种土质，这样通过高压旋喷使一些较硬的粉土、粉砂层变软，解决预制桩难以穿透粉土、粉砂层的不足。可见，JPP桩适应土质较广，可应用于淤泥、淤泥质土、黏性土、粉土、素填土等中低强度土层中，在天津、唐山沿海地区已得到成功应用。

在实际工程施工中，PHC 管桩常用直径为 300～600mm，JPP 桩直径可达 500～1000mm 甚至更高，由于高压旋喷桩可以解决预制桩难以穿透粉土、粉砂层的问题，JPP 桩桩长可以达到 35m 以上，可见，由于高压旋喷桩粗糙的桩侧表面以及较长的桩身，JPP 桩可以提供较高承载力以及起到控制变形的作用，可广泛应用于小高层建筑、中小跨度工业厂房、大型油罐区、高等级公路、城市基坑工程以及港口码头等软基加固中。

2.7 本章小结

本章首先对高喷插芯组合桩的研发思路、成桩机理和技术特点进行了详细的分析和说明，为了进一步推广 JPP 桩这项新技术，对 JPP 桩的施工工艺及质量检测进行了详细的阐述，最后对 JPP 桩技术的优缺点和适用范围进行了分析和总结。

JPP 桩吸收了预应力管桩桩身强度高和高压旋喷桩侧摩阻力大的优点，单桩承载力较高且造价相对较低，降低了地基处理成本，提供了提高地基承载力和控制变形的一种有效的方式，具有较大的应用和推广价值，但其施工工艺及装备特别是高压旋喷桩施工质量仍需在实践中进一步改进和完善。

第3章　高喷插芯组合桩荷载传递机理足尺模型试验研究

试验研究是岩土工程进行研究的一项重要手段和方法，主要分为室内试验研究和现场试验研究。通过试验可以很直接地反映出所研究对象的一些特性，这为进一步的理论分析提供了良好的基础，特别是对于相对研究较少的对象，试验研究的重要性更是不言而喻。高喷插芯组合桩是一种新的桩型，已在天津周围沿海地区得到成功应用，但其荷载传递机理还不明确，妨碍了这种桩型的进一步推广。现场试验能直接反映JPP桩的荷载传递特性，但对试验投资和时间有很高的要求，试验仪器埋设难度大，现场众多因素的影响更是让巨大投入所得的试验结果大打折扣，试验的可重复性也比较差；室内模型试验投资较少、时间灵活、影响因素容易控制，但缩尺效应是无法回避和克服的问题，特别是对于土工试验而言，物理相似几乎是很难实现的。考虑到试验研究对JPP桩荷载传递机理等研究的重要性以及目前试验方法中存在的不足，在“十五”、“211工程”资金资助下，河海大学岩土所自行研制开发了大型桩基模型试验系统[185,186]，为进行大尺寸或足尺模型试验研究提供了硬件准备。本章首先介绍了大型桩基模型试验系统，然后介绍了JPP桩足尺模型试验的整个施工过程，通过对JPP单桩足尺模型试验，得出了JPP桩竖向荷载传递机理，并对比分析了JPP桩、灌注桩和高压旋喷桩的竖向承载特性[187]。

3.1　大型桩基模型试验系统简介

大型桩基试验系统主要包括：试验场所（模型槽）、加载系统、测量系统等。从2005年底开始经过一年多的努力，该试验系统已经建成，图3-1和图3-2分别为建设中和建成的模型试验系统。

3.1.1　试验场所（模型槽）

大型桩基模型试验槽位于河海大学岩土所旁，课题组在综合考虑拟开展的试验要求及后续可能开展的试验要求等因素下，提出了模型槽的设计要求，与专业设计部门合作，共同完成了模型槽设计方案。考虑到试验设备的保养以及试验条件的控制，在模型槽顶架上架设了不锈钢雨篷。为了便于试验的开展，在岩土所和模型槽之间建造了试验平台和试验通道（图3-3）。

模型槽为钢筋混凝土结构，考虑到试验场地的地质条件以及试验的安全性在模型槽地基中打了4根7m长的人工挖孔桩，其直径为1.5m。图3-4为模型槽立面设计图，模型槽的平面尺寸为4.0m×5.0m，总高度为12.3m，其中墙体高度为7m，其上2.6m为行车轨道高度，剩余高度为不锈钢雨篷高度。行车的架设是为了便于吊装和运输相关试验设备和材料，其最大起吊重量为5t，行车配有大车和小车，使其活动范围可以覆盖整个模型槽试验区域。在模型槽东面一侧墙体设置了混凝土支撑（图3-5），其目的是为后续将要进行的水平承载力试验提供加载反力，在该侧墙体底部有两个排水孔，以便土体固结稳定时孔隙水的排出。为了便于试验土料等的运输在模型槽西面一侧墙体预留了宽度为1.0m

的门洞，门洞的总高度为6.0m。在试验填土时，门洞可用5块厚度为0.2m的钢筋混凝土闸门来关闭，见图3-6。在模型槽南面一侧的墙体上分三个不同的高程设置了六扇有机玻璃窗（图3-7），以便对试验土料填筑情况以及后续试验土体等的变形情况进行直接观察。

图3-1 建设中的模型试验系统

图3-2 建成后的模型试验系统

图3-3 试验场所全景图

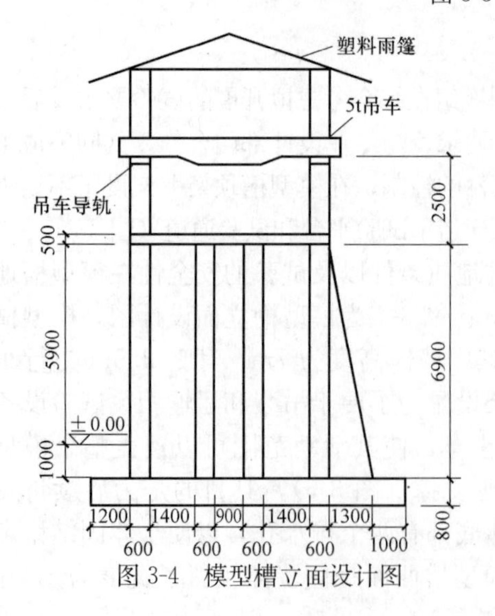

图3-4 模型槽立面设计图

图3-5 模型槽混凝土支撑

图 3-6　模型槽预留门洞及闸门

图 3-7　模型槽观察窗

3.1.2　加载系统

加载系统是在试验中提供试验所需施加的荷载以及对所施加荷载的大小、速率等进行控制。加载系统主要由以下几部分组成：加载设备、数显设备、保压装置、频率调节器以及反力架。

加载设备采用油压式千斤顶，千斤顶高度为70cm，活塞直径为15cm，其最大行程为50cm，所能提供的最大荷载为240t，见图 3-8。该千斤顶可竖直或水平放置，能提供竖向和水平向的荷载。千斤顶所施加荷载的大小通常是通过油泵的油压表读数换算出来的，比较麻烦而且精度比较低，为此本次试验专门配置了数字显示装置以方便试验读数。

数显设备有测量探头和显示装置组成，其中测量探头与千斤顶直接相连，所以测量的是千斤顶中的油压而非油泵处油压，这样所读油压值就可以不受油管长度的影响，使试验的精度得到一定程度的提高。

在试验中通常需要在某一级荷载下土体沉降等稳定后才能施加下一级荷载，这就要求千斤顶的压力能稳定在某一个值或在一个比较小的范围内波动，为了达到这一目的在本加载系统中设置了保压装置。保压装置的工作原理是：在试验前根据所需施加荷载的大小预先设定荷载的上限值和下限制，在试验中当荷载大于设定的荷载上限值时，电动机自动停止工作，油泵不再向千斤顶泵油；由于油泵不再泵油千斤顶的压力值会减小，当荷载减小到设定荷载下限值以下后，电动机又自动开始工作，油泵开始泵油，千斤顶压力就上升了；如此往复，千斤顶所施加的荷载也就在一个范围内波动，基本实现了千斤顶稳定施加荷载的目的。当然，压力上下限值之差越小，试验荷载的精度也就越高，但电动机的工作负荷也就越高，所以要根据具体试验的要求设定荷载的上下限。试验施加荷载控制的精度与试验仪器本身也有很大的关系，本套试验系统保压装置设计所能达到的最小控制范围为±3kN。图 3-9 为该系统显示装置和保压装置。

千斤顶加载是通过电动机带动油泵，油泵给千斤顶泵油来实现的。电动机泵油的速度是由所用交流电的频率所决定的，而电动机泵油的速度又决定千斤顶加载的速度，在一定程度上也影响着加载的精度。在试验加荷初期，如果电动机泵油速度过快，荷载会迅速增加，往往一些数量值较小的荷载级别就会错过，从而造成试验的不完整；另外，加载速度过快对实现荷载的保压也是不利的。考虑到上述问题，在本加载系统中添加了频率调节器（图 3-10），频率调节器顾名思义调节的是电动机的频率，电动机原来使用的是频率为 50Hz 的交流电，使用频率调节器后可以实现电流频率从 0～50Hz 任意调节，从而千斤顶的加载速度也可以得到很好地控制，与保压装置联合使用可以使荷载稳定控制更易实现。

图 3-8 液压千斤顶

图 3-9 加载系统数显设备及保压装置

反力架主要是由反力梁和传力槽钢组成（图 3-11）。两根主梁和一根次梁焊接构成反力梁，主梁和次梁全部采用 Q345 特种钢，主梁跨度为 4000mm，梁高 600mm，次梁跨度为 1500mm，梁高 550mm，次梁位于主梁中部，试验加载时千斤顶直接作用于次梁上。主梁两端分别与预埋在模型槽柱子内的槽钢通过焊接相连。模型槽建设过程中，在底板钢筋绑扎完成后将 4 根 9.5m 长的 40a 型槽钢插入在模型槽柱子中，一直插到混凝土底板，然后再进行上部钢筋的绑扎以及混凝土的浇筑，见图3-12。4 根

图 3-10 频率调节器

图 3-11 加载系统反力架

图 3-12 传力槽钢

槽钢在模型槽混凝土柱形成荷载传递通道，将通过主梁传递来的荷载传递至模型槽底板。本试验系统反力架能承担的设计荷载为2400kN，在满载情况下的设计挠度为4mm。

3.1.3 测量系统

测量系统主要是由各种不同的测量设备组成，如钢弦式反力计、土压力盒、钢筋应力计、百分表、水准仪等。根据不同的试验目的，可以选择不同的测量设备组成不同的试验测量系统。

钢弦式反力计是用于直接测量千斤顶所施加的荷载大小，是对加载系统荷载控制情况的监测和补充。本试验加载系统从根本上讲是通过对油泵中油压的测量和控制来实现对荷载的控制，从油压到荷载的转换会产生一定的误差，而反力计是对反力架、千斤顶以及试验对象所构成的传力系统中力的直接测量，这样对试验荷载的测量就更可靠了，而且在荷载较小的情况下，反力计的作用就更不容忽视了。本试验系统所配备的钢弦式反力计的最大量程是2000kN，最小分辨率为0.45kN。

钢筋应力计是直接与钢筋笼连接后再浇筑在混凝土中的，通过数据线将荷载作用下应力计的相关读数（应力或应变）导出，在假定钢筋应力计与混凝土变形协调的前提下，根据模量差异换算出该截面混凝土的应力值等，从而得到研究对象（如：桩体）的应力分布等结论。本试验系统目前共配备了22个GXR-1010型振弦式钢筋测力计，直径为16mm，测量最大压应力为100MPa，最大拉应力为200MPa，受压时分辨率为≤0.12%F.S，受拉时分辨率为≤0.06%F.S，其工作温度为－25℃～＋60℃。

通过在试验土体中不同的位置埋设土压力盒可以得到在荷载作用下，土体内的应力分布情况。本试验系统共配备了78个钢弦式土压力盒，考虑到不同试验不同位置的土压力相差比较大，为了使土压力盒处于比较合理的作用状态保证试验精度，所配备的土压力盒的量程主要有5MPa、4MPa、1MPa、0.4MPa、0.2MPa和0.1MPa六种类型。

通过在PPR管以及管桩上粘贴应变片可以量测在荷载作用下，水泥土轴力以及管桩轴力沿桩身的分布情况。本次试验共粘贴56个应变片，其中PPR管上36个，管桩上20个。这里是假定PPR管与水泥土变形协调的情况下从而测出水泥土在各级荷载作用下的应变，进而得出水泥土轴力的分布。电阻应变片采用的是河北邢台金力传感元件厂生产的，型号为BX120-15AA，灵敏系数2.12±1.3%。

位移量测设备主要有百分表和水准仪，本试验系统共配备了5只量程为50mm的百分表和1台光学水准仪。百分表主要用于测量试验研究对象（如：JPP桩）的沉降等，而水准仪主要是用于试验（特别是大荷载试验）中整个模型槽系统的安全性监测。

3.2 试验目的及方案

3.2.1 试验目的

（1）测出JPP桩、灌注桩、高压旋喷桩的*Q*-*S*曲线，得出极限承载力然后进行对比分析；

（2）测量出各级竖向荷载作用下JPP桩（包括芯桩以及芯桩周围水泥土）沿桩身轴力的变化规律；

（3）测量出各级竖向荷载作用下JPP桩将上部荷载传递给水泥土以及桩周和桩端土体

的规律；

（4）得出 JPP 桩承载力各组成部分（桩端阻力、桩侧摩阻力）在各级荷载作用下的承担比例以及变化规律。

3.2.2 试验方案

本次试验是在模型槽中进行 JPP 桩大尺寸模型试验，考虑到模型槽的尺寸以及边界效应的影响，本次试验 JPP 桩长度定为 5.0m，直径为 500mm，芯桩（PHC 管桩）直径 300mm，为了做对比分析，同时制作了同截面同尺寸的灌注桩和高压旋喷桩，三根桩在模型槽中平面布置如图 3-13 所示。

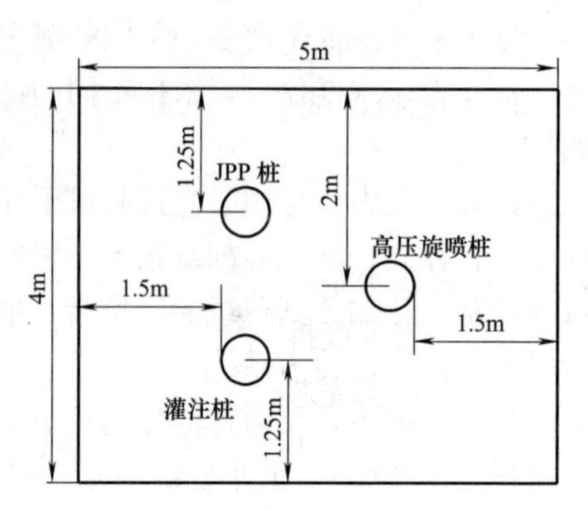

图 3-13　三根桩的平面布置图

JPP 桩在实际工程中多用于成层的软黏土地基，在进行大尺寸模型试验时为了能模拟这一地基特点，同时又为了突出研究的主要问题，试验中将地基进行了简化，桩长范围内上部 3m 范围为黏土，下部 2m 范围为砂土，桩底以下 0.5m 也是砂土，再以下是 0.7m 范围为黏土。为了测量在各级竖向荷载作用下 JPP 桩身轴力，在管桩内部埋设钢筋应力计以及周围水泥土埋设黏贴有应变片的 PPR 管，并在管桩上黏贴应变片。钢筋应力计在浇桩时埋入，应变片在浇筑前黏贴，土压力盒在填土时埋入。另外，通过试验系统的加载系统以及反力计实现荷载的施加和控制，通过在桩头架设的百分表对桩体沉降进行测量。

在桩体混凝土达到养护龄期以及土体基本固结稳定的情况下，进行 JPP 桩、灌注桩、高压旋喷桩单桩静压试验。静压试验根据《建筑桩基技术规范》JGJ 94—94[188]（新版规范为 JGJ 94—2008）执行，具体内容为：

（1）确定试验结束的控制标准：与现场相比，此次试验 JPP 桩桩长偏小（5m），确定本试验的最终控制沉降为 30～40mm。另外，从土层性质估算本次试验的最大加载在 200～240kN，试验中以较大值 240kN 作为辅助控制指标。

（2）分级加载：考虑到试验时间等因素，本试验每级加载为 20kN；在正式加载之前先预加 20kN，以检验各仪器是否工作正常、各部件接触是否良好。

（3）沉降观测：根据试验以研究荷载传递机理为主要目的，不绘出 s-lg$t$ 图，所以只是在每级荷载下沉降基本稳定的情况下再进行沉降的观测，而没有按时间观测。

（4）沉降相对稳定标准：每一小时的沉降不超过 0.1mm，并连续出现两次（由 1.5h 内连续三次观测值计算），认为已达到相对稳定，可加下一级荷载。

（5）桩身轴力及土压力观测：在每级荷载下沉降基本稳定后，进行钢筋应力计、应变片及土压力盒的量测。

（6）终止加载条件：当出现下列情况之一时，即可终止加载：

① 某级荷载作用下，桩的沉降量为前一级荷载作用下沉降量的 5 倍；

② 某级荷载作用下，桩的沉降量大于前一级荷载作用下沉降量的 2 倍，且经 24h 尚未达到相对稳定；

③ 沉降已达到 30mm 以上，或荷载已达到预估的承载力 240kN。

3.3 模型桩制作

在整个试验的具体实施过程中，JPP 桩的制作是最关键也是最困难的一个部分。由于是大尺寸试验，试验所用的 JPP 桩直径为 500mm，其中芯桩 300mm，水泥土厚度 100mm，桩长为 5.0m。除了模型尺寸大以外，高压旋喷技术形成比较粗糙的桩土接触面等特点在制桩时也是必须考虑的。JPP 模型桩的制作主要有四种思路：①在模型槽内完成填土后，再在土中高压旋喷，然后把芯桩插入旋喷桩；②在模型槽内先支模浇筑桩体，等桩体达到一定强度拆模后，再进行填土；③在实际工程现场打桩，然后再开挖出来，运输至模型槽内；④先芯桩定位，然后土体分段填，水泥土分段浇筑。四种方法各有优缺点，图 3-14 对四种方法进行了总结，最后在考虑模型槽实际情况以及施工可行性后选择了第四种方案。

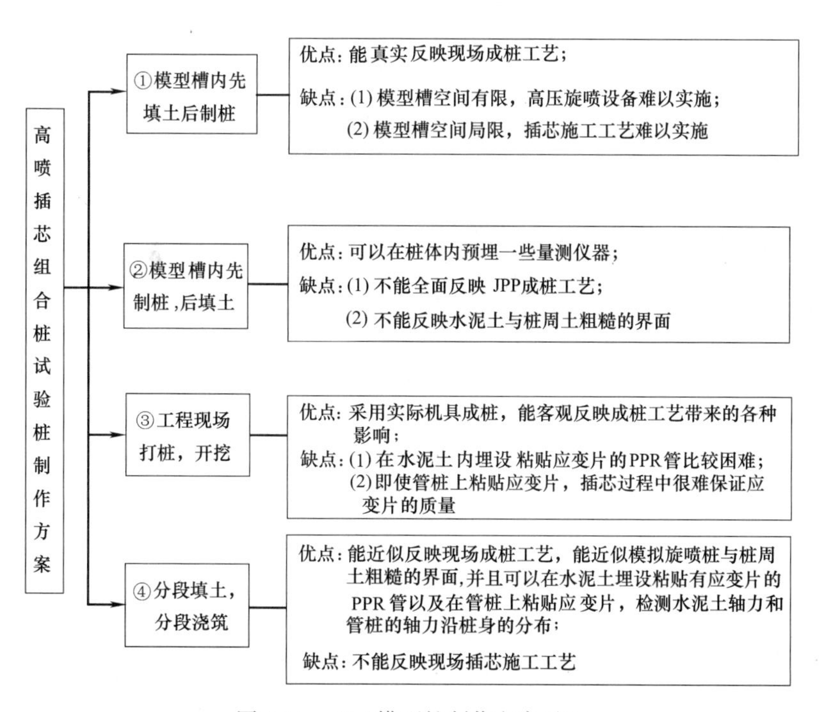

图 3-14 JPP 模型桩制作方案对比

3.3.1 试验准备

高压旋喷桩取芯试验表明，其加固桩体的强度由 1MPa 到 10MPa 不等，甚至更大，这与土层性质、注浆压力、水灰比、喷嘴直径等有关。由于模型槽内空间的局限，高压旋喷桩不能用高压旋喷设备来施工，所以用强度指标控制来近似模拟高压旋喷桩。考虑到现场多采用单喷头高压旋喷设备，本次试验高压旋喷桩桩身强度设计为 2MPa 以上，为了找到符合这个强度的水泥土的合理配比，特在试验前做了水泥土室内配合比试验。另外由于在 JPP 桩荷载传递分析时需要知道水泥土弹性模量，所以在确定水泥土配合比后也做了水泥土的弹性模量试验。

3.3.1.1　水泥土配合比试验

采用与模型槽内一样的黏土，经过 10 mm 筛盘进行筛选，采用 32.5 级硅酸盐水泥和实验室自来水。按不同水灰比（6∶5、2∶2、2∶3、2∶4）和不同灰土比（1∶3、1∶4、1∶5、1∶6）进行试样制作，共 12 组，每组 3 个，总共 36 个水泥土试块。

水泥土采用人工搅拌，搅拌均匀后，把水泥土装入 10cm×10cm×10cm 标准立方试模中，然后在振动台上振捣 2min，并用抹刀抹平，用保鲜膜黏到顶部，以防止水泥土水分蒸发。成型 2d 后拆模，放入标准养护室中养护，养护温度为 20±3℃，相对湿度为 100%，养护龄期为 28d，28d 后取试样进行无侧限抗压强度试验。取同种配比的 3 个试样的算术平均值作为该组的无侧限抗压强度值，试样的测值与平均值之差超过平均值的±15%时，则试样的测值剔除，按余下试样的测值计算平均值。试验照片如图 3-15 所示，试验结果如表 3-1 所示。

图 3-15　水泥土无侧限抗压强度试验

无侧限抗压强度试验结果（MPa）　　表 3-1

水灰比 \ 灰土比	1∶3	1∶4	1∶5	1∶6
6∶5	—	3.26	2.23	2.14
2∶2	3.97	2.46	1.92	1.99
2∶3	6.80	5.60	3.10	1.96
2∶4	6.73	—	—	—

注：水灰比＝水∶水泥，灰土比＝水泥∶土。

由表 3-1 可以看出，大体上抗压强度随着水灰比的减小、灰土比的增大而逐渐增大，当然由于制作试样的过程中出现如振捣时模具脱开、振捣时间不统一等问题，试验结果也有异常现象，但不影响此试验目的。

考虑到模型槽水泥土搅拌施工时可能出现搅拌不均匀、颗粒偏大等原因，一般取 0.3～0.5 倍的折减系数，本次试验取 0.4。模型槽试验中水泥土强度设计为 2 MPa 以上，从表 3-1 可以看出，水灰比为 2∶3 和灰土比 1∶4 这个配合比组合所达到的抗压强度可以满足设计要求（5.60×0.4＝2.24MPa），即水∶灰∶土＝2∶3∶12，又考虑水泥土搅拌的和易性，模型槽试验时高压旋喷桩近似用这个配合比来进行浇筑施工。

3.3.1.2 弹模试验

用水：灰：土=2：3：12. 这个配合比制作黏土水泥土和砂土水泥土试样，每组 4 个，共 8 个水泥土试样。试样制作过程与无侧限抗压强度的试样制作过程相同，所不同的是弹性模量试验所用模具大小为 10cm×10cm×30cm。试验照片如图 3-16 所示。

图 3-16 水泥土弹性模量试验

试验结果：黏土水泥土弹性模量 2254MPa，砂土水泥土弹性模量 5477MPa，现场水泥土弹性模量取折减系数 0.4 后，其弹性模量分别为 901MPa 和 2191MPa，此两值在荷载传递机理分析时使用。

3.3.2 模型桩施工

3.3.2.1 试验仪器布设

为了检测 JPP 桩中的水泥土在各级荷载作用下轴力的变化，参考相关文献[189,190]，用弹性模量与水泥土相近的 PPR 管（800MPa，ϕ20）上黏贴应变片来实现，具体做法如下：用刀具将两根 PPR 管沿长度方向剖开，在剖开的管壁内侧的设计位置贴上电阻应变片后，将其重新合拢、黏结、固定并用钢丝把两者拧紧，如图 3-17 所示。由于要做水平承载试验，桩头用混凝土代替水泥土浇筑 0.4m 高，所以 PPR 管 4.6m 长，从桩顶到桩底 PPR 管应变片黏贴的位置与钢筋计的位置对应，每根 PPR 管上黏贴 18 个应变片，两根共计 36 个。把 PPR 管放到指定的位置，然后再浇筑水泥土，水泥土经充分振捣与塑料管密切接触。水平试验时为进一步掌握管桩弯矩沿桩身的分布，在管桩对称位置也黏贴了应变片，如图 3-18 (*a*) 所示。应变片在管桩上黏贴的位置也与钢筋计的位置对应，每边 10 个，共计黏贴了 20 个应变片。本次试验采用 502 胶作为应变片的胶粘剂，一般室温下固化一天，检验贴片质量后，用 704 胶做防潮层。为了检测管桩轴力，在管桩中对称布设两排钢筋计，如图 3-18 (*b*) 所示，参考管桩中使用钢筋计的成功经验[155,156]，用高强度混凝土（C40 以上）浇筑振捣填实，保证钢筋计与管桩共同工作。钢筋计每隔 0.5m 焊接到 ϕ16 的螺旋钢筋上，共计 22 个。图 3-19 是 JPP 桩中钢筋计、应变片以及土压力盒布置示意图。

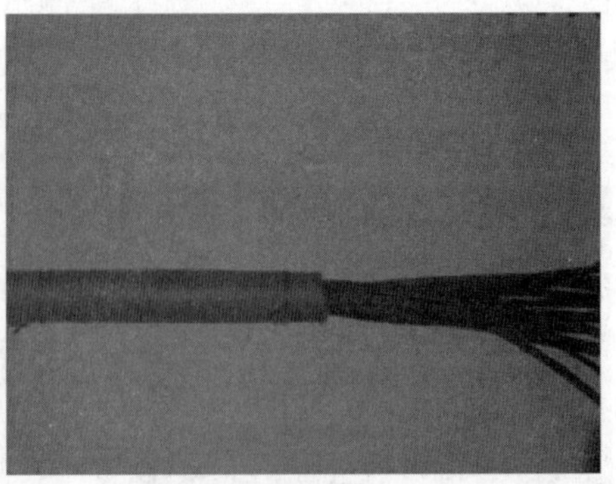

图 3-17　PPR 管黏贴应变片示意图

(a)

(b)

图 3-18　管桩应变片黏贴与钢筋应力计布置

(a) 管桩上粘贴的应变片；(b) 管桩中布设的钢筋计

3.3.2.2　模型桩施工

JPP 桩采用全组合形式，芯桩采用直径为 300mm 的 PHC 管桩，水泥土厚度 100mm；水泥土按水∶灰∶土=2∶3∶12 配合比现场搅拌，现场浇筑，水泥采用与室内配合比试验同强度的水泥；灌注桩按 C25 混凝土浇筑。

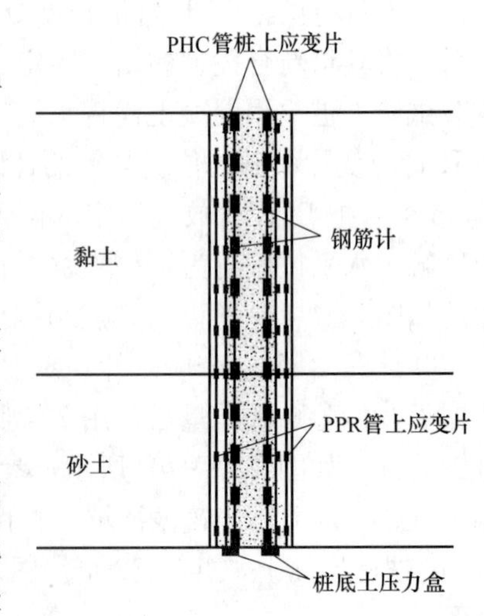

图 3-19　JPP 桩检测仪器布置立面图

由于模型槽操作空间有限，为了近似模拟 JPP 桩施工时芯桩插入高压旋喷水泥土桩这一挤土效应，采取了两种措施：一是先浇筑 1m 高的水泥土桩，然后再把芯桩压入水泥土桩中；二是每段水泥土浇筑完钢模上拔出土层后，振捣水泥土，使水泥土向周围水泥土挤压。具体施工顺序如下：①钢模定位，钢模直径 500mm，1.1m 高；填土 1m 高，整平压实；②往钢模里浇筑按已知配比搅拌好的水泥土，浇筑 1m 高；③钢模上拔出土层，芯桩定位（与水泥土桩同心，并保持垂直），然后压入水泥土桩中；④钢模定位，填土 1m 高，整平压实；⑤浇筑水泥土，钢模上拔出土层，然后振捣水泥土，使水泥土与土充分接触，来近似模拟高压旋喷桩桩土粗糙的接触面，并起到密实水泥土的作用；⑥重复④、⑤步，直至浇筑成桩。高喷插芯组合桩的制作施工过程示意如图 3-20 所示，图 3-21 是现场施工照片，其他两根桩的施工与 JPP 桩同时进行，施工顺序与 JPP 桩相同。

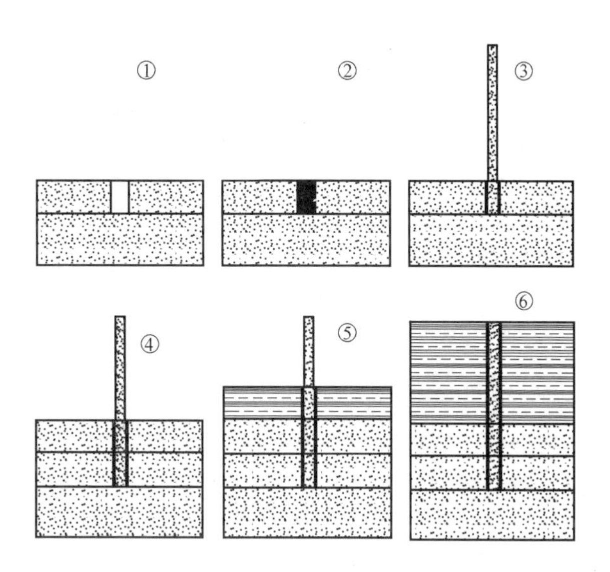

图 3-20　JPP 桩施工过程示意图

图 3-21　现场施工照片

3.3.2.3　土层参数的测定

土体固结稳定后，做试验之前，在模型槽取土进行含水率试验、密度试验、压缩试验以及直剪试验，以测定土体的含水率、密度、压缩模量、黏聚力以及内摩擦角，现场取土照片如图 3-22 所示，试验结果如表 3-2 所示。

土体物理力学指标　　表 3-2

项目	黏土	砂土
实测含水率(%)	29.3	5.49
天然密度(g/cm³)	1.92	1.55
黏聚力(kPa)	24.7	9.76
摩擦角(°)	28.2	24.3
压缩模量(MPa)	4.69	14.7

考虑到土体填筑时的抽样试验随机性比较大，同时土体又经过了固结稳定的过程，为了对整个模型槽内土体的均匀性进行判断、检验是否存在空洞，并能对固结后土体的性质有所了解，在模型槽内还进行了 CPT 原位测试（图 3-23）。从 CPT 试验结果（图 3-24）可以看出，土体中并没有明显的空洞，土体存在明显的分层情况，砂土的强度要明显高于黏土的强度，双层地基形式很明显，这说明本次试验采用的方法达到了预期的目的。

图 3-22　模型槽填土现场取样

图 3-23　CPT 试验现场

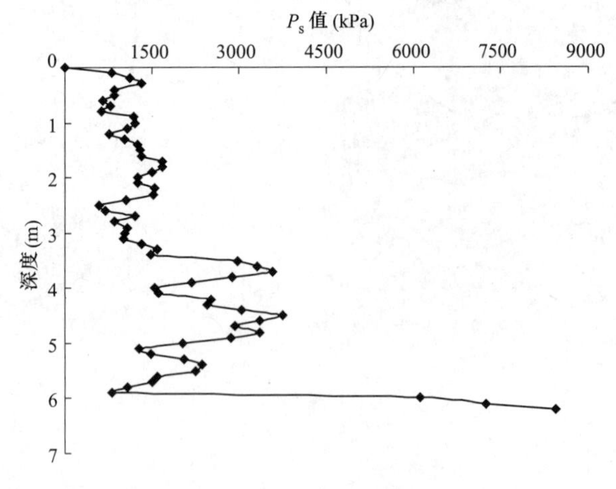

图 3-24　CPT 试验结果

3.4 试验结果分析

在桩体、土料以及测试仪器等准备完成后就可以按照预定的试验方案进行 JPP 单桩静压试验了，图 3-25 为单桩静压试验现场，在反力架和桩体之间放置了千斤顶和反力计。由于反力架和桩体之间的空间较大，制作了 1.1m 高、30cm×30cm 正方向截面的钢桶，所用钢板厚 1cm，然后在钢桶里浇筑混凝土，形成一个刚性的传力的支撑。同时为了将千斤顶的压力尽量均匀地作用到桩顶，先在桩顶上用砂子找平，然后在桩顶放置钢板。为了减小千斤顶的工作行程，在千斤顶上放置了钢垫块。在千斤顶和钢桶之间布置一块钢板，然后在此钢板上对称两侧架设了百分表用于测量桩头的沉降。在试验中，通过该模型槽的加载系统进行分级加载并保持各级荷载稳定，在各级稳定荷载下通过百分表进行沉降观测并判断是否稳定，在沉降基本稳定后进行钢筋应力计、土压力盒以及应变片的读数，然后再进行下一级加载，直到试验结束条件出现。通过试验可以得到各级荷载下的桩体沉降、桩身应力、桩端及桩周土压力，从而可以对 JPP 单桩在竖向荷载作用下荷载传递机理进行分析。

图 3-25 单桩静压试验现场

所用的检测仪器有（现场照片如图 3-26 所示）：

（1）液压千斤顶及配套的调频式电动液压泵设备一套，千斤顶量程 2400kN；

（2）量程 2000kN，最小分辨率 0.45kN 的振弦式反力传感器一个；

（3）量程为 50mm 的百分表两个；

（4）应变仪一个（DH-3816），可连接计算机自动采集应变片数据；

（5）手动型集线箱一个，频率计三个。

图 3-26 所用到的检测仪器

3.4.1 承载力分析

在桩基竖向荷载静压试验中，荷载-沉降（Q-S）曲线是所需得到的主要结论之一。Q-S 曲线是确定桩体承载力的重要依据，也是桩体竖向承载特性的综合反映。

本次试验的所加荷载大小是通过反力计频率变化反算出来的，桩体沉降值是所架设百分表的平均值。高压旋喷桩、灌注桩和 JPP 桩静载荷 Q-S 曲线如图 3-27 所示，桩顶表面出现了明显的桩土差异沉降（图 3-28）。

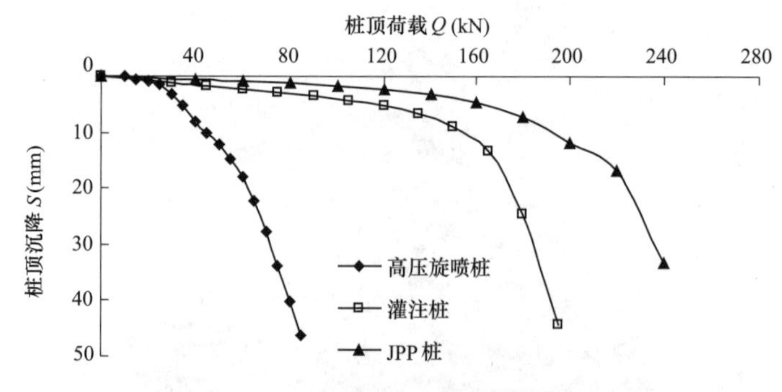

图 3-27 三根桩单桩荷载-沉降曲线

图 3-28 桩顶处桩土差异沉降

由图 3-27 可以看出，高压旋喷桩 Q-S 属于缓变形，以 40mm 所对应的荷载作为极限荷载；灌注桩和 JPP 桩 Q-S 曲线属于陡降型，取陡降点的前一级荷载作为极限荷载。三根桩的极限荷载如表 3-3 所示。由表 3-3 可以看出，高喷插芯组合桩承载力是混凝土灌注桩的 1.33 倍，是高压旋喷桩的 2.50 倍。JPP 桩的极限侧摩阻力是灌注桩的 1.47 倍，可见与灌注桩相比，JPP 桩可以提供较高的承载力，相对应桩侧摩阻力也较高。

三根桩试验结果对比分析 **表 3-3**

项目	高压旋喷桩	灌注桩	JPP 桩	比率	
	①	②	③	③/①	③/②
极限承载力(kN)	80	150	200	2.50	1.33
极限侧摩阻力平均值(kPa)	—	14.35	21.02	—	1.47

3.4.2 桩身轴力

通过焊接在桩体内钢筋上的钢筋应力计可以测得钢筋的应力，在认为混凝土与钢筋粘结良好变形协调的前提下，可以得到芯桩管桩的应力；通过粘贴在 PPR 管上应变片可以测得 PPR 管的应变，在认为 PPR 管与周围水泥土良好粘结变形协调的前提下，可以得出芯桩周围水泥土的应力。图 3-29 为 JPP 桩内芯（PHC 管桩）和管桩周围水泥土轴力沿桩身的分布。

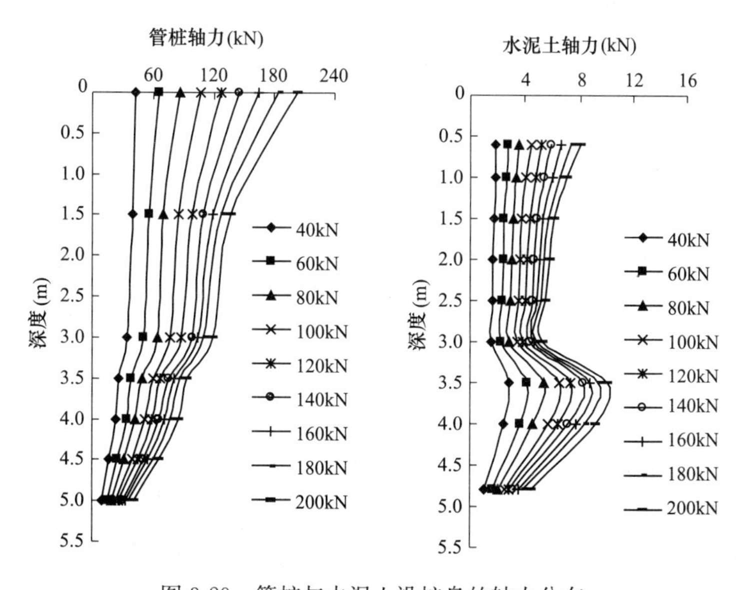

图 3-29 管桩与水泥土沿桩身的轴力分布

由于离桩顶 0.5m、1.0m、2.0m、2.5m 深处的钢筋计读数不稳定并且变化较大，采集数据无效。由图 3-29 可以看出，管桩轴力沿深度方向递减。在竖向荷载作用下土体为了阻止桩体下沉对桩体产生了向上的抗力，桩侧摩阻力得到发挥，管桩轴力沿桩身向下不断减小。随着上部荷载不断的增加，桩体进一步下沉，这就使得桩侧摩阻力得到进一步的发挥，同时管桩的轴力也在增加，通过桩体这个荷载传递通道，更多的荷载被传递到桩底，桩端承载力也得到发挥。从图中还可以看出，在每一级荷载下，管桩轴力变化曲线在两土层交界面处（3.0～3.5m 之间）会出现拐点，这是由于两土层具有不同抗剪强度的性质造成的。水泥土轴力与管桩轴力分布不同，不是沿深度方向递减，而是在土层分界处有一个突变的过程。水泥土轴力在黏土层逐渐递减，到砂土层后，轴力突然增加，然后再递减。由钢筋计以及应变片所检测的数据可以得出，同一深度管桩应变与水泥土应变相差在9%范围内，可见JPP本身的变形主要由管桩所控制，水泥土与管桩变形协调。由于管桩的强度较大（C80），所以5m长桩身范围内桩顶与桩底的变形相差不多，又砂土水泥土弹性模量是黏土水泥土的2倍以上，所以就出现图3-29水泥土轴力分布情况。从图中也可以看出，JPP桩中同一截面上管桩和水泥土轴力比值约为其弹性模量的比值。

可见，JPP桩上部荷载主要有预应力管桩内芯承担，该荷载逐步向下传递的同时，也逐步通过管桩周围的水泥土向桩周土中扩散，这样就形成了荷载扩散的双层模式：管桩内芯向水泥土外芯的扩散和水泥土外芯向桩周土的扩散。这种双层的荷载传递体系使上部荷载有效地传递到比一般高压旋喷桩影响范围大得多的土体中。

3.4.3 内外摩阻力

PHC管桩和水泥土界面上的摩阻力定义为内摩阻，水泥土与桩周围土体界面上的摩阻力定义为外摩阻。JPP桩中管桩和水泥土微单元受力示意图如图3-30所示。

图3-30中，f_i表示内摩阻力，f'_i表示外摩阻力，N_i、N'_i分别是i断面管桩轴力和水泥土轴力，N_{i+1}、N'_{i+1}分别是$i+1$断面管桩轴力和水泥土轴力，分别由钢筋计和应变片算出。根据桩体的受力平衡，可以得出管桩和水泥土微单元受力平衡方程如下：

$$\pi d_1 L_i f_i = N_{i+1} - N_i \tag{3-1}$$

$$\pi d_2 L_i f'_i + N'_i = N'_{i+1} + \pi d_1 L_i f_i \tag{3-2}$$

上面两式中，d_1表示管桩直径，d_2表示JPP桩直径，L_i表示第i断面和$i+1$断面之间的桩长。由式（3-1）和式（3-2）两式可以算出内外侧摩阻力沿桩身的分布，如图3-31所示（取一段的中点位置来代表这一段的平均摩阻力）。

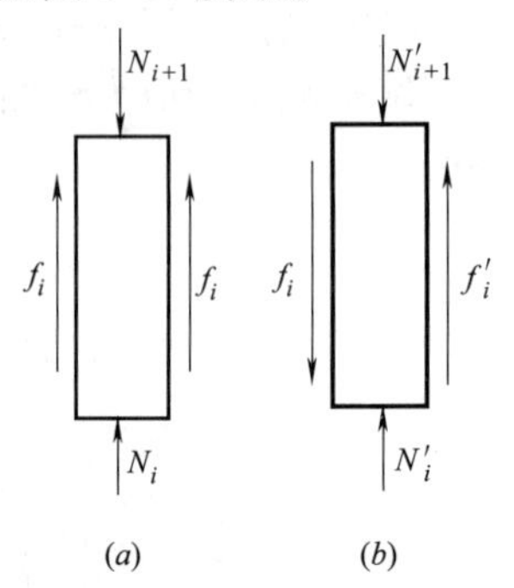

图3-30 管桩与水泥土微单元受力分析示意图
（a）管桩微单元受力；
（b）水泥土微单元受力

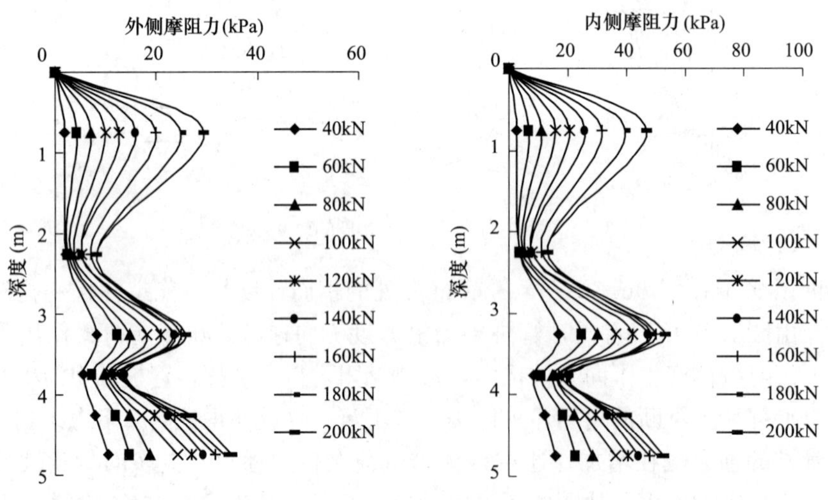

图3-31 内外侧摩阻力沿桩身的分布

由图3-31可以看出，内外摩阻沿桩身的分布规律类似，外摩阻是内摩阻的0.63倍左右，约为管桩和JPP桩直径比（d_1/d_2）。另外，从图中也可以看出，在表层0.5 m左右和土层交界面处摩阻力较大，这是由于表层桩土相对位移较大，摩阻力发挥比较充分；在土层交界面处，砂土抗剪强度高于黏土，所提供的摩阻力较大。从图中也可以看出，桩底摩阻力也发挥的比较充分，说明JPP桩具有类似刚性桩的性质。

根据桩顶实测沉降减去桩身的压缩量，可以得到测试截面的位移。桩身各测试截面的位移 s_j 由式（3-3）来计算：

$$s_j = s - \sum_{i=1}^{j} l_i(\varepsilon_{i+1} + \varepsilon_i)/2 \tag{3-3}$$

式中 s——桩顶位移实测值；

l_i——第 i 断面和 $i+1$ 断面之间的桩长；

ε_i——第 i 断面应变，由相应的钢筋计和应变片读数得出。

桩侧各段摩阻力与水泥土-桩周土相对位移和桩端阻与桩端位移关系如图3-32所示。

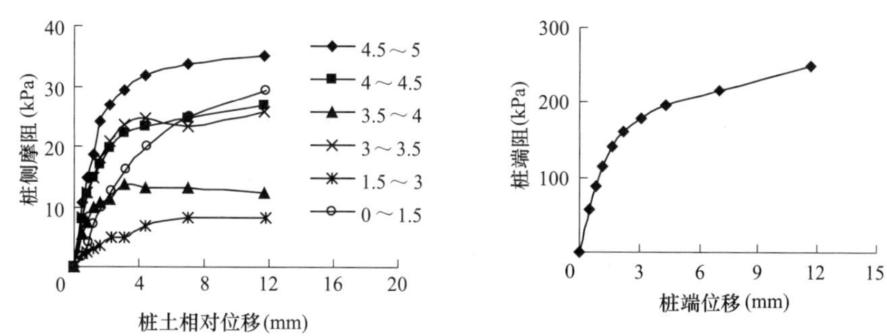

图3-32 桩侧和桩端阻力与位移关系曲线

由图3-32总体上看，桩侧摩阻力和相对位移近似双曲线分布，桩端阻力与桩端位移也近似双曲线分布，都可以用公式 $\tau = s/(a+bs)$ 来表示，τ 是桩侧或桩端摩阻力，s 是相对位移，a、b 是拟合系数。这与文献[191]、[192]所提出的模型相符。

3.4.4 JPP桩承载力组成

JPP桩的承载力是由桩端阻力、桩侧摩阻力组成。由于桩土界面比较粗糙，JPP桩的承载力主要是通过桩侧摩阻力来承担荷载的，但客观上桩端阻力是承担荷载的，那么桩端阻力作用的大小以及桩侧和桩端阻力是如何分担的是需要进一步研究的问题。图3-33反映了本次试验中桩顶沉降分别与桩端阻力、外摩阻力、内摩阻力以及桩顶总荷载之间的关系。

从图3-33中可以看出，在每一级荷载下，桩侧外摩阻力总是大于内摩阻力，这与式（3-2）计算是相符的，外摩阻力承担了大部分荷载，桩端阻力次之，这验证了JPP桩主要是靠侧摩阻力来承担荷载的。从图中还可以看出，内外摩阻力的增长速率与桩体沉降的关系比较类似，而桩端阻力则表现出不同，其增长

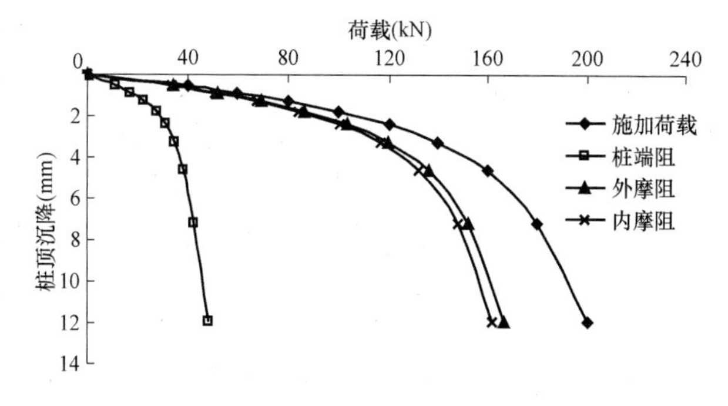

图3-33 内外摩阻及桩端阻力与桩体沉降的关系

速率远小于内外摩阻力的增长速率。

图 3-34 反映了各级荷载下，桩端阻力和外摩阻力各自承担总荷载的比例。

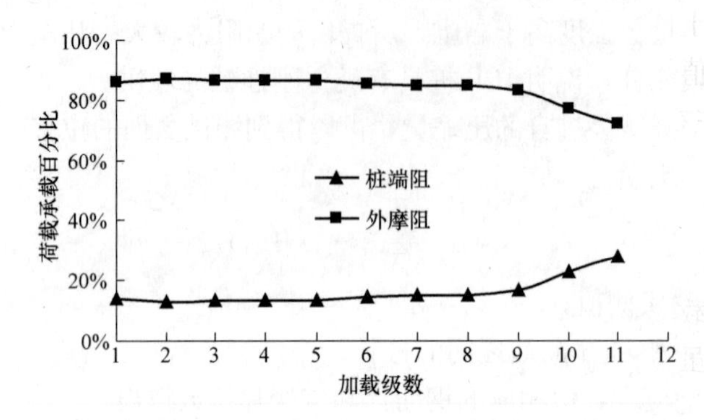

图 3-34 外摩阻力及端阻力荷载分担比随加载级数的变化

在第一级加载时，外侧摩阻力承担了接近 87%的总荷载，随着荷载的增加，外侧摩阻力是不断增加的，但其所承担总荷载的比例却是减小的，但减小的幅度不大，在最后两级荷载时，外摩阻承担的荷载比例明显下降，最后一级荷载时外摩阻占总荷载的比例降到 72%左右。与此同时，桩端阻力所承担的荷载比例是不断上升的，但上升的幅度不大，直到最后两级荷载，才有明显的增加，比例由 14%左右增长到最后一级荷载的 30%左右。从图中变化趋势上看，外摩阻所承担荷载的比例在减小，端阻所承载的比例在上升，总体上符合荷载分担的一般规律。加载到最后两级荷载时，外摩阻所占比例明显减小，桩端阻力明显增加，这反映了 JPP 桩土界面由于荷载的增加而产生剪切破坏，桩侧土体承担的荷载减小，有更多的荷载由桩端土承担，表现在 *Q-S* 曲线上就是发生陡降，如图 3-28 所示。

3.5 本章小结

本章首先对大型桩基模型试验系统进行了介绍，并以该试验系统为依托开展了同截面同尺寸 JPP 桩、混凝土灌注桩、高压旋喷水泥土桩足尺模型试验，得到了 JPP 桩在竖向荷载下的荷载传递规律，并对比分析了三种桩型的竖向承载特性。本章的主要内容和结论如下：

(1) 大型桩基模型槽是在“十五”“211 工程”建设和国家自然科学基金的支持下河海大学岩土所自行研发的试验系统，模型槽的尺寸为 4m×5m×7m。该系统主要包括：试验场所（模型槽）、加载系统、测量系统等。本试验量测系统目前主要配备了钢筋应力计、电阻应变片、钢弦式土压力盒、钢弦式反力计、百分表和水准仪、应变仪等。

(2) 高喷插芯组合桩承载力是混凝土灌注桩的 1.33 倍，JPP 桩的极限侧摩阻力是灌注桩的 1.47 倍，而单位承载力价格仅为灌注桩的 40%，说明 JPP 桩“性价比”较高。可见与灌注桩相比，JPP 桩不仅可以提供较高的承载力，而且技术经济指标也较高。

(3) JPP 桩上部荷载主要由预应力管桩内芯承担，该荷载逐步向下传递的同时，也逐步通过管桩周围的水泥土向桩周土中扩散，形成了管桩内芯向水泥土外芯扩散和水泥土外芯向桩周土扩散的双层扩散模式。

(4) JPP 桩本身的变形主要由 PHC 管桩控制，管桩与水泥土变形协调。管桩轴力沿深度方向递减，但水泥土轴力先是沿深度方向递减，在土层交界处时增大然后沿深度方向递减，这是由于砂土性水泥土弹性模量大于黏土性水泥土的弹性模量，但同一截面上管桩和水泥土的轴力比值约为其弹性模量的比值。内外摩阻沿桩身的分布规律类似，外摩阻是内摩阻的 0.63 倍左右，约为管桩和 JPP 桩直径比。桩侧摩阻力与桩土相对位移和桩端阻力和桩端位移都近似双曲线分布。

(5) 在各级荷载下，内外摩阻力的增长速率远大于桩端阻力的增长速率，这说明桩侧摩阻力承担了较大的荷载，使上部荷载更多地传递到桩侧土体中。JPP 桩主要是依靠桩侧外摩阻力来承担荷载的，桩端阻力也承担部分荷载。加载初期，桩侧摩阻力和桩端阻力所占比例变化较小，虽符合桩侧摩阻力所占比例降低和桩端阻力所占比例上升的一般规律，但变化幅度不大，但到达极限荷载后，桩侧摩阻力所占比例才明显下降，桩端阻力所占比例明显上升。这反映了 JPP 桩土界面由于荷载的增加而产生剪切破坏，桩侧土体承担的荷载减小，有更多的荷载由桩端土承担，*Q-S* 曲线上就表现为陡降。

第4章　带承台高喷插芯组合桩荷载传递特性足尺模型试验研究及分析

带承台单桩的荷载传递试验不多，但也取得了一些有益的成果。楼晓明等[193,194]通过在桩中埋设钢筋计和承台下埋设土压力盒，比较全面的对比分析了单桩和带承台单桩荷载传递特性的一些规律，得到如下主要结论：桩顶荷载分担比随总荷载增加而减小，承台使上部桩身轴力分布平缓，桩侧摩阻力受到削弱，摩阻力传递函数出现软化现象，但同时下部摩阻力发挥得到增强，而桩顶刚度变化不大；陈强华等[195]通过承台与单（短）桩的五组对比静载试验，实测了桩身轴力、承台底板反力及桩顶、桩端沉降，分析了承台与短桩共同作用机理；贺武斌等[196]通过安设的测试仪器对承台下基土反力、桩侧摩阻力、桩端阻力等进行了测定，分析了承台、桩、土的相互作用特性，对承台下基土反力的分布、群桩基础中的荷载传递规律、荷载分担等进行了研究，并与单桩进行了比较；试验表明：承台土反力呈不均匀分布，承台外缘平均值大于桩群内部，承台土反力随承台沉降的发展而产生和增加；群桩沉降较大桩侧摩阻力达到极限值后，土反力增长的幅度加大，承台分担荷载的比率提高，从而改善了桩基的工作性能。杨克己等[197]通过对同一种亚黏土上的不同桩距、不同入土深度、桩的不同排列和桩数、承台的不同设置方式等方面进行了对比试验，并通过桩反力和土反力的荷载传感器及位移器实测了桩力、桩间土反力和变形，得出一些规律性认识。郑钢等[198]针对现有桩与承台连接的复合桩基和在桩顶设置褥垫层的刚性桩复合地基构造形式，提出了在桩顶与基础之间预留净空以发挥土承载力的一种新的构造形式，并对不同构造形式，进行了一系列现场足尺单桩复合地基试验，对竖向荷载作用下承台（基础）-桩-土相互作用、破坏模式、承载力确定等进行了对比分析与研究。金菊顺等[199]对单桩、不同尺寸的单独承台、不同复合桩基的模型进行了压载试验，并从理论上分析了低承台复合桩基在承台的作用下桩周土受荷变化、荷载传递变化及承载力的变化，得出承台不但本身可分担荷载，而且可使桩侧摩阻力、端阻力均有提高的结论。王浩等[200]通过带承台单桩及双桩基础的模型试验，对低承台桩基桩间土变形发展与承台板板底应力、桩侧摩阻力及桩端摩阻力间的相互影响进行较为细致的研究。试验表明：在相同基础荷载作用下，桩数的增加使桩端刺入变形量占基础沉降的比例降低；双桩基础桩体的存在对板底应力体现出增强作用，在相同桩间土变形量下，双桩基础板底应力大于带承台单桩基础；粧土相对位移的发展从桩端部位开始，逐步向承台板扩展，同一部位基础外侧的桩土相对位移要大于基础内侧；靠基础内外，桩的不同侧面表现出不同的侧阻发挥过程及极限值；同样桩间土变形量下，带承台双桩基础在桩端平面上土体的竖向应力要大于带承台单桩基础，从而发挥出较大的桩端阻力。

另外，刘金砺和Lee对带承台群桩的承载力和沉降进行了测试[201,202]，Butterfield、Cook、Chow和Shen学者对带承台群桩进行了理论分析[203-206]，着重研究了承台和群桩的相互作用效应以及承载特性研究。

因高喷插芯组合桩多用于小高层建筑以及工业厂房中，施工完毕后在桩顶浇注承台把多根 JPP 桩联结成整体，共同承受上部荷载。高喷插芯组合桩作为一种新型桩，带承台单桩的荷载传递特性还不明确，很有必要做进一步研究，为 JPP 桩的进一步推广打下试验和理论基础。为了掌握带承台 JPP 单桩的荷载传递机理，进行了带承台 JPP 单桩足尺模型试验，通过预埋钢筋应力计和土压力盒以及应变片等监测仪器对相关内容进行了直接测量，得出了带承台 JPP 单桩荷载传递规律并进行了较为详细的分析，同时与不带承台的 JPP 单桩荷载传递特性作了对比分析[207]。

4.1 仪器布置

为了检测桩土应力比，在桩身范围内每隔 1m 埋设土压力盒，其他仪器埋设同第 3 章所述，检测仪器布置图如图 4-1 所示。

承台按《建筑桩基技术规范》JGJ 94-94[188]（新版规范为 JGJ 94—2008）有关规定进行设计，承台尺寸为 1.5m×1.5m×0.4m，桩顶上部承台厚度 15cm，按配筋要求布设 ϕ14@180mm 的钢筋网。浇筑承台前，为了检测承台下地基土反力应力分布，在承台下部与桩顶分别埋设了 5 个土压力盒，对角线上对称布置，具体布置如图 4-2 所示。承台浇筑一个月后做带承台单桩的静载试验。

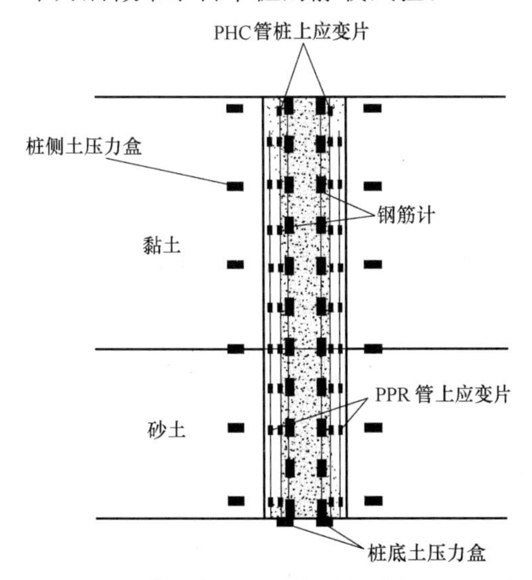

图 4-1　带承台 JPP 桩检测仪器布置立面图

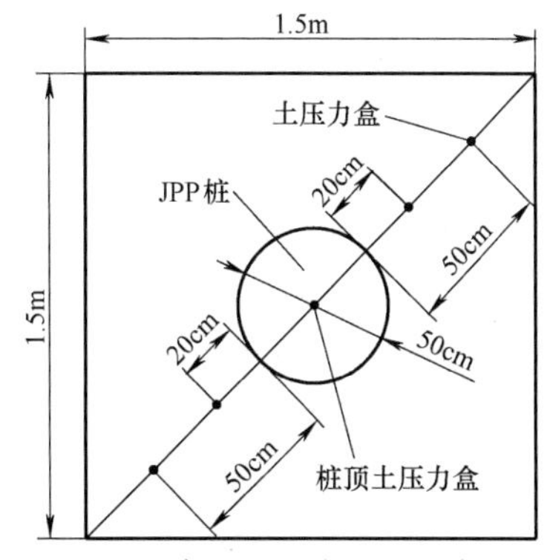

图 4-2　承台下土压力盒平面布置图

4.2 试验结果分析

采用快速维持荷载法分级加载，各级荷载沉降稳定标准参照《建筑桩基技术规范》JGJ 94-94（新版规范为 JGJ 94—2008）中关于静载荷试验的内容确定。每次加载后，在维持荷载基本不变以及桩体沉降稳定的前提下，进行桩顶沉降、桩身应力计以及应变片、土压力的测量，然后再加下一级荷载，如此重复。为了使承台表面受力均匀，承台表面放置了一块 10mm×1.5m×1.7m 钢板，现场静载荷试验照片如图 4-3 所示。

图 4-3　现场静载荷试验照片

4.2.1　荷载分担比

JPP 单桩与带承台单桩的静载荷试验结果如图 4-4 所示，可见承台参与桩土共同作用，使桩周土应力水平提高，可充分发挥桩周土的承载力，另外，也可以把承台看作是直接承担上部荷载的浅基础，这就使得带承台单桩承载力有大幅提高。

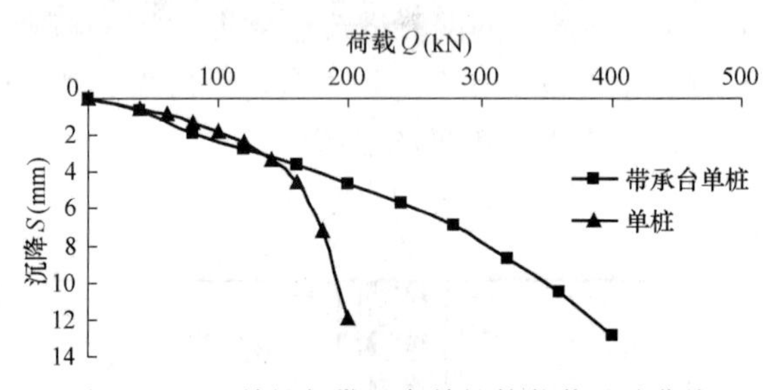

图 4-4　JPP 单桩与带承台单桩静载荷试验曲线

图 4-5 是实测的各级荷载作用下承台下土反力分布图，可以看出，实测反力近似呈倒“V”字形。离桩较近的中部较小（0.2m），离桩较远的角部稍微偏大（0.5m），随着荷载的增加，角部（0.5m）与中部（0.2m）的差别增大。这是因为随着荷载的增加，承台-桩-土共同作用，这样承台下土体承担越来越多的荷载，由于桩体的制约作用，角部的土体应力大于中部的土体应力。

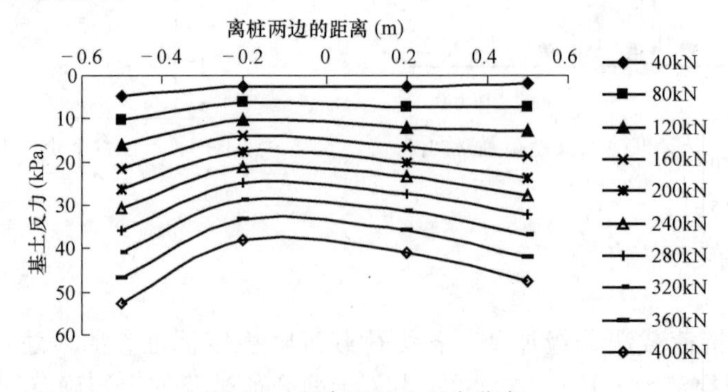

图 4-5　承台下基土反力分布

图 4-6 是桩-土荷载分担百分比曲线。可以看出，在加载初期，桩侧摩阻力分担的百分比较大，稍有增加后趋于平稳；承台底部土体荷载分担比逐渐增加，随后也趋于稳定；

而桩端土体分担的荷载百分比基本保持不变。可见，随着荷载的增加，承台底部土体应力水平增加，土体承担越来越多的荷载。这也与桩长 L 与承台板宽 B 比值 $L/B=3.33$ 较小以及所加荷载不大有关。

图 4-7 是在各级荷载作用下，管桩轴力与周围土体应力比沿桩身的变化曲线。由图可见，桩土应力比基本在 20～100 之间，并且随着荷载增加而有所降低。总的来看，桩顶处的桩土应力比基本维持在 22 左右，约为承台与桩面积比的 2 倍，桩土应力比随深度增加而增加，离桩底较近处（4m）达到最大，然后在桩底处有所降低，从总体上来看，砂土层的桩土应力比大于黏土层。这是由于 JPP 桩具有刚性桩的性质，另外，承台下土体承担荷载的应力水平随深度逐渐减弱，这就导致桩土应力比上小下大的产生。总体上来看，桩土应力比沿桩身是逐渐变大的。

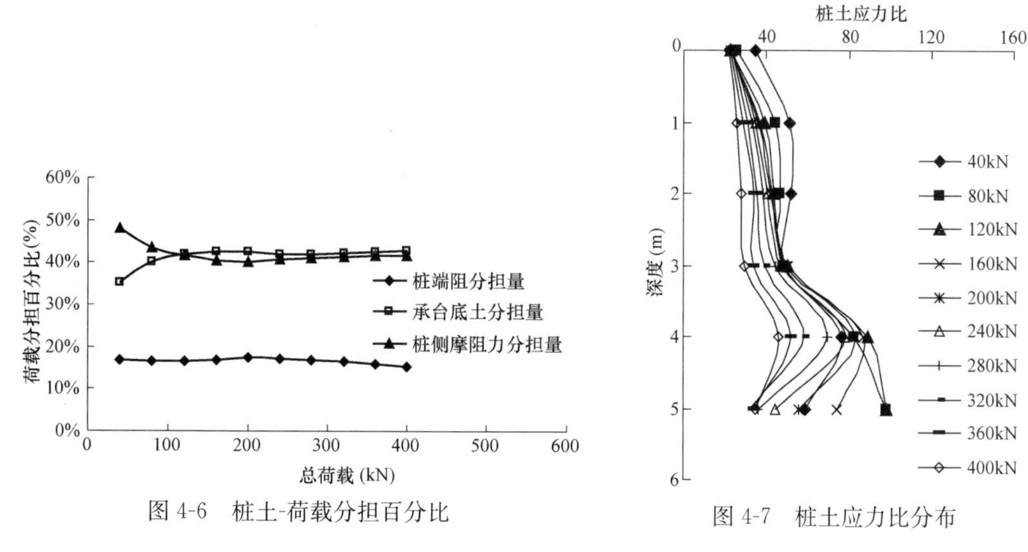

图 4-6　桩土-荷载分担百分比

图 4-7　桩土应力比分布

4.2.2 轴力分布

图 4-8 和图 4-9 是带承台单桩和不带承台单桩管桩轴力和水泥土轴力沿桩身分布对比图。

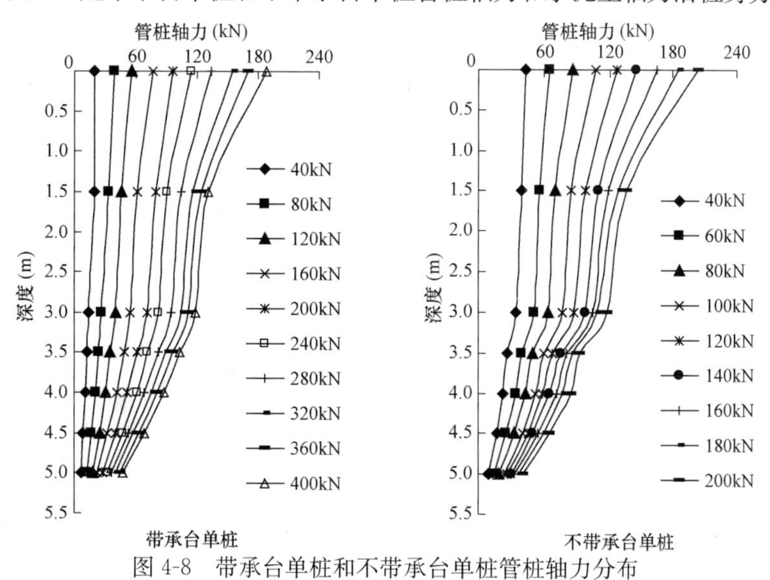

图 4-8　带承台单桩和不带承台单桩管桩轴力分布

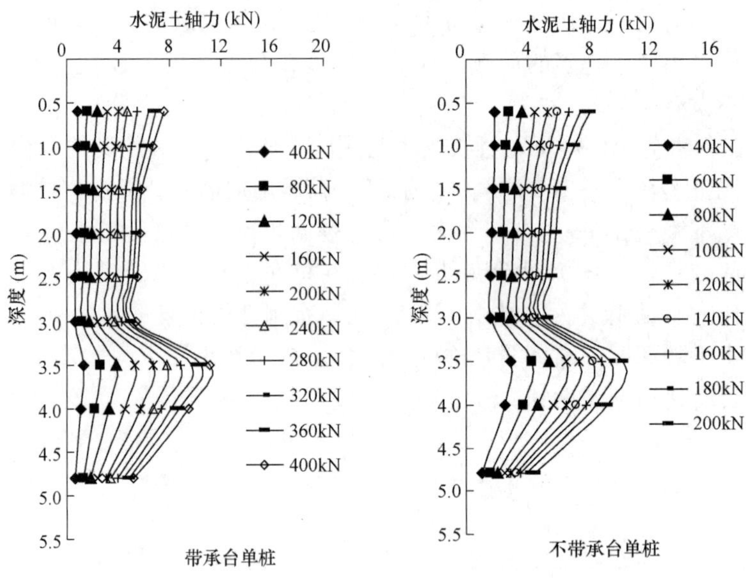

图 4-9 带承台单桩和不带承台单桩水泥土轴力分布

管桩轴力与水泥土轴力分别由埋设在管桩里的钢筋计和埋设在水泥土中 PPR 管里应变片的读数得出，并由两者的读数可以推出管桩和水泥土变形在不带承台 JPP 单桩和带承台 JPP 单桩两种情况下都是协调的。由于 0.5m、1.0m、2.0m、2.5m 深处的钢筋计读数不稳定并且变化较大，采集数据无效。在土层上部，带承台单桩的管桩轴力较单桩的衰减慢（0～2m），随着荷载的增加，沿全桩长的衰减梯度接近。水泥土轴力也有类似的分布。这是由于承台的存在限制了 JPP 桩土相对位移，摩阻力不易发挥，所以会出现管桩和水泥土轴力在上部土体衰减减慢的现象。这使得需要较大位移才能使桩侧摩阻力充分发挥。

4.2.3 内外摩阻力

内外摩阻的定义和计算方法与第 3 章相同。带承台单桩和不带承台单桩内外摩阻分布如图 4-10 和图 4-11 所示（取一段的中点位置来代表这一段的摩阻力）。

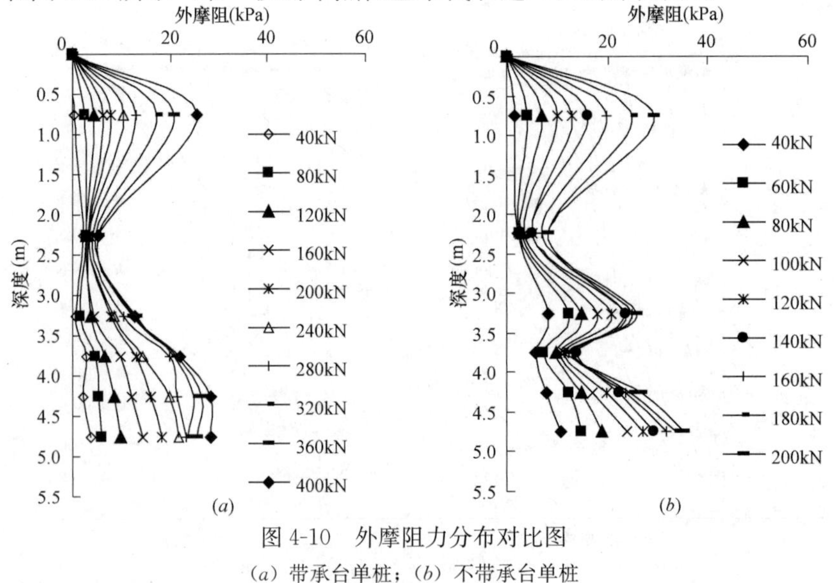

图 4-10 外摩阻力分布对比图

（*a*）带承台单桩；（*b*）不带承台单桩

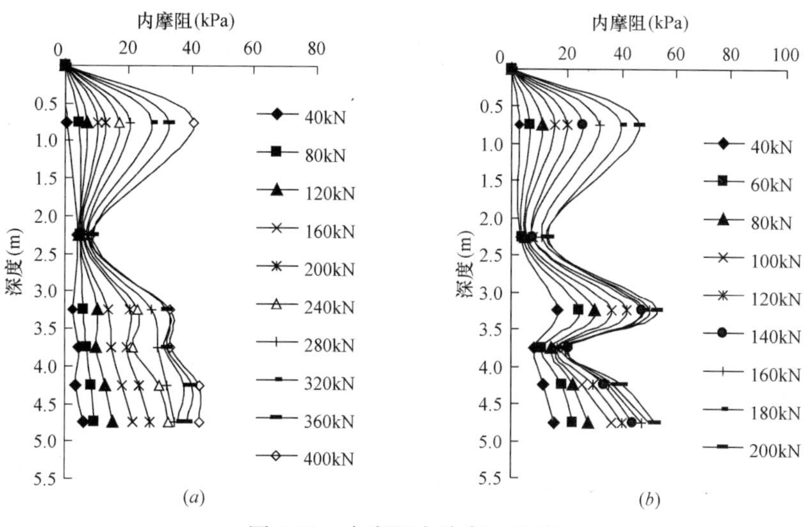

图 4-11　内摩阻力分布对比图

(a) 带承台单桩；(b) 不带承台单桩

带承台单桩相对于单桩而言，由于承台与承台下的土同步下沉，上部土层桩土相对位移变小，摩阻力在上部发挥程度偏小；下部土层来看，由于承台下土体承担荷载的应力水平影响深度有限，并且JPP桩具有刚性桩性质，下部摩阻力发挥的比较充分，从总体上看，下部土层特别是桩端土层带承台单桩的内外摩阻力大于不带承台单桩的内外摩阻力。

4.2.4　荷载传递特性

图 4-12 是带承台单桩和不带承台单桩时JPP桩与桩周土侧摩阻力与相对位移关系对比图，图 4-13 是端摩阻与桩端位移关系曲线对比图。

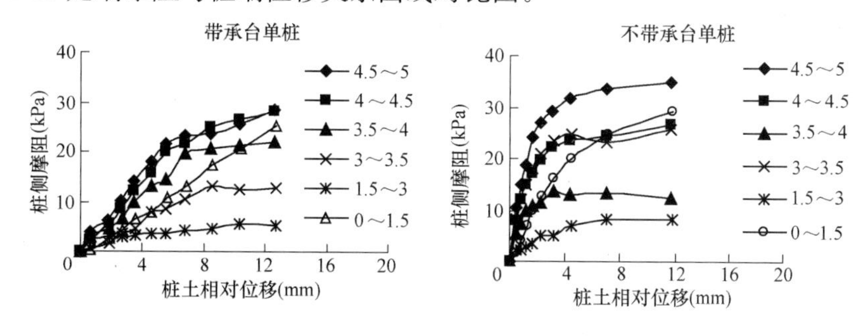

图 4-12　桩侧摩阻力与相对位移关系对比图

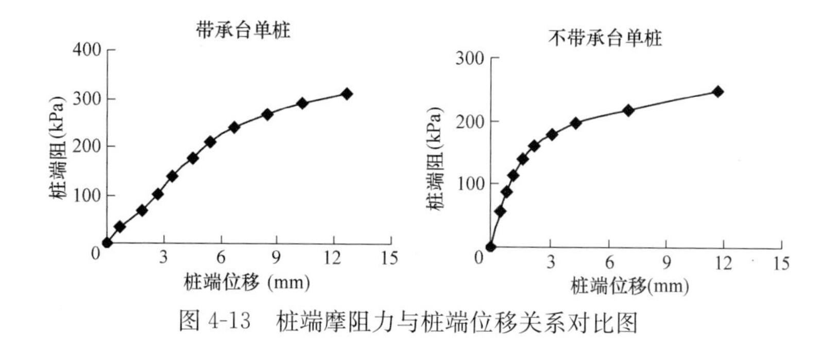

图 4-13　桩端摩阻力与桩端位移关系对比图

从图 4-12 对比可以看出，不带承台单桩桩侧摩阻达到极限所需的位移较小，一般在 4mm 以下；而带承台单桩桩侧摩阻达到极限所需位移偏大，在 7mm 左右，“滞后”现象明显，并且其极限摩阻力总体上小于不带承台单桩情况下的值。这是由于随着荷载的增加，承台所承担的荷载压缩周围土体，使得桩侧土体下沉，与不带承台单桩相比桩土之间的相对位移变小，摩阻力发挥减缓，致使达到极限摩阻力所需的位移增加。这说明承台对桩侧摩阻力有“削弱”作用。从图 4-13 对比可知，桩端摩阻也存在类似的规律，带承台单桩达到极限端阻所需的位移偏大，也存在“滞后”现象，但其极限端阻大于不带承台单桩时的极限端阻。这是由于承台对其下一定范围内土层有压密作用，致使桩端土密实度增加及超载作用增强，使得极限桩端阻力增加。这说明承台对桩端阻力有“增强”作用，这与陈强华等人[195]所研究的承台对桩端阻“削弱”作用明显的结论有所不同，这与 JPP 桩桩长（5m）较小有关。

4.3 JPP 群桩数值模拟分析

在实际的 JPP 桩桩基工程中，一般都是群桩基础，与带承台单桩相比，承台、群桩、土相互作用情况不尽相同。由于试验场地以及经费等条件有限，采用了岩土工程专业软件 FLAC^{3D}对 JPP 群桩效应以及竖向承载特性进行了数值模拟分析。

数值模拟中 JPP 桩径采用实际工程中常用的 $d=600$mm，其中水泥土厚度 100mm，PHC 管桩直径 $d_1=400$mm，进行了数值模拟的工况如下：

（1）桩间距与桩径之比 $S_a/d=3$、桩长一定（10m）时，对桩数为 1、4、9、16、25 根时 JPP 群桩竖向承载特性进行分析；

（2）桩长一定（10m）、桩数为 9 根时，对 S_a/d 分别为 3、4、5、6、7 时 JPP 群桩竖向承载特性进行分析；

（3）$S_a/d=3$、桩数为 9 根时，对桩长分别为 $L=5$m、10m、15m、20m、25m 时 JPP 群桩竖向承载特性进行分析；

（4）桩长 $L=10$m、$S_a/d=3$、桩数为 9 根时，对不同组合形式（上组合、下组合、分段组合）下基桩的承载特性进行分析；

（5）桩长 $L=10$m、$S_a/d=3$、桩数为 9 根时，对水泥土弹性模量分别为 300、600、900、1500、3000、6000MPa 情况下 JPP 群桩竖向承载特性进行分析。

4.3.1 模型验证

为了检验所建 FLAC^{3D}模型的正确性，对带承台 JPP 单桩模型试验进行了数值模拟对比。土体及水泥土参数取第三章的试验结果，承台采用 C30 混凝土，PHC 管桩采用 C80 混凝土。土体采用 Mohr-Coulomb 模型，PHC 管桩、承台以及水泥土采用线弹性模型。由于是轴对称问题，采用 1/4 模型进行模拟分析，所建模型如图 4-14 所示，荷载-沉降曲线模拟结果和试验结果对比如图 4-14 所示。

材料参数　　表 4-1

类型	含水率(%)	天然密度(g·cm^{-3})	黏聚力(kPa)	内摩擦角(°)	压缩模量(MPa)	弹性模量(MPa)
黏土	29.3	1.92	24.7	28.2	4.69	901
砂土	5.49	1.55	9.76	24.3	14.7	2191

注：弹性模量为水泥土测试结果。

由图 4-15 可以看出，模拟结果和试验结果比较接近，模拟结果稍微大于试验结果，但总体趋势一致，故而可知所建立模型是正确的、可靠的。

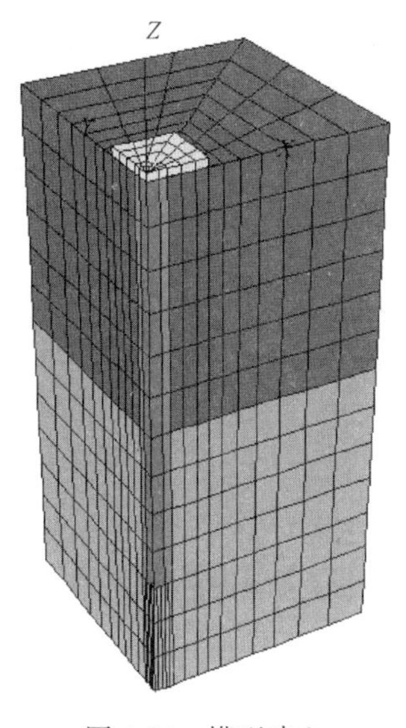

图 4-14 模型建立

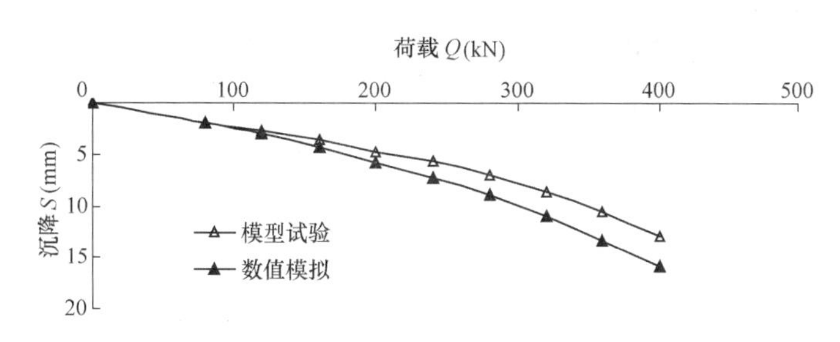

图 4-15 荷载-沉降曲线

4.3.2 不同桩数的影响

模拟中采用实际工程中 JPP 桩常用的组合形式，PHC 桩直径 400mm，JPP 桩直径 600mm，水泥土厚度 100mm。模拟中桩身范围内采用黏土，桩底采用砂土，黏土和砂土参数采用模型槽内土体的实验参数。$S_a/d=3$、$L=10$m、25 根群桩时 1/4 模型如图 4-16 所示。图 4-17 是桩距与桩径之比一定（$S_a/d=3$）、桩长一定（$L=10$m）时，桩数为 4、9、16、25 根时竖向承载力-竖向位移曲线。

从图 4-17 可以看出，不同桩数情况下曲线都呈缓变形的特性；随着桩数的增多，相同承载力下所产生的沉降增大，不过增大的幅度越来越小；16 根和 25 根群桩承载力-沉降曲线几乎重合，相同承载力下所产生的沉降位移增加很小。另外，从图中也可以推出，随着桩数的增加，JPP 基桩的极限竖向承载力减小，但减小的幅度越来越小，16 根和 25 根情况下的 JPP 桩承载力基本相等；同时也可以得出，JPP 群桩有明显的群桩效应，但随着桩数的增加，群桩效应系数趋于稳定。可以推断 16 根群桩的承载力基本上能代表 16 根以上群桩的承载力。

群桩效应是研究群桩基础工作性能的重要内容之一。图 4-18 分别给出了单桩和 9 根群桩时桩侧阻和桩端阻随荷载的分布情况，可以得出桩侧阻群桩效应系数 $\eta_s=1.23$，桩端阻群桩效应系数 $\eta_p=1.56$，可见由于 JPP 桩是由高压旋喷水泥土桩和 PHC 管桩组成的复合桩，高压旋喷水泥土桩的存在使桩侧阻群桩效应系数增加。

另外，根据《建筑桩基技术规范》JGJ 94-94（新版规范为 JGJ 94—2008）中给出的群桩效应系数表格，也可得出 JPP 桩 9 根群桩效应系数，即 $\eta_s=0.79$，$\eta_p=1.72$。显然，两种方法确定的桩侧阻群桩效应系数相差较大，桩端阻群桩效应系数规范中所给出的值偏高，但相差不大。这表明，现行桩基技术规范对于 JPP 群桩基础的设计可能不完全适用，深入研究 JPP 群桩基础的工作性能是很有必要的。

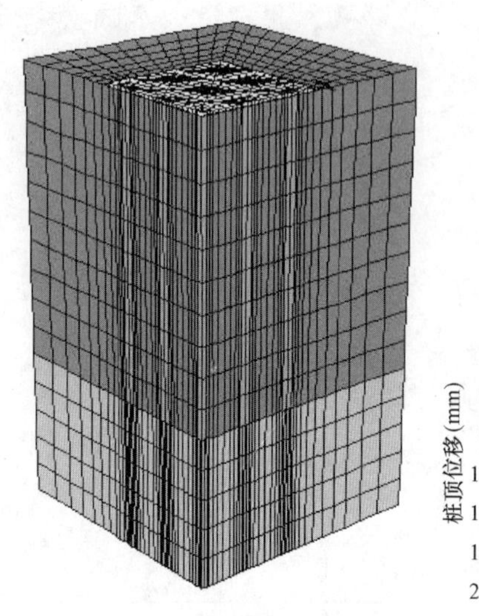

图 4-16　25 根群桩模型图

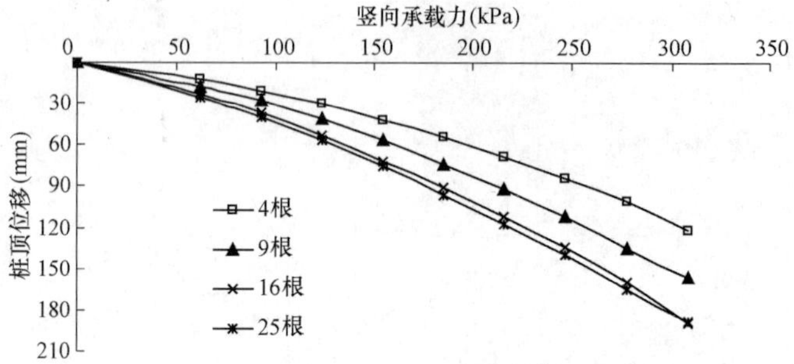

图 4-17　桩数不同时竖向承载力与竖向位移曲线

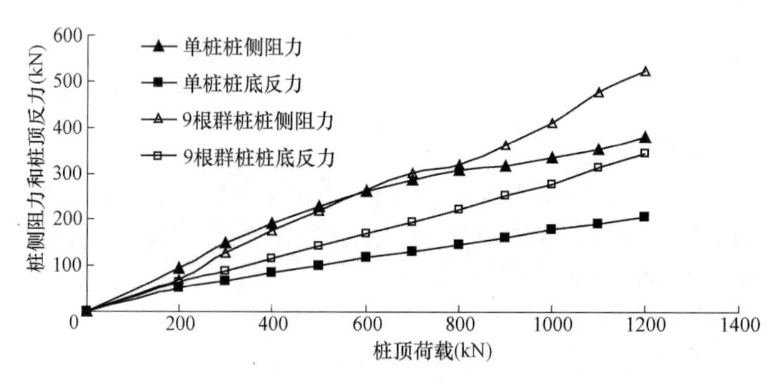

图 4-18　桩侧阻力和桩底抗力分布图

4.3.3　不同桩间距的影响

桩长一定（L=10m）、9 根群桩时，桩距与桩径之比 S_a/d 分别为 3、4、5、6、7 情况下基桩的竖向承载力-竖向位移曲线如图 4-19 所示。由图可见，在同一竖向承载力下，桩间距越大，相应的沉降位移越大；同时也可以得出，桩间距越大，基桩承受的荷载越小。由此可见，JPP 群桩不宜采用较大的桩间距，S_a/d 宜取 3，与一般的桩型设计一致；如果直径取芯桩（PHC 管桩）直径 d_1 时，S_a/d_1 宜取 4。

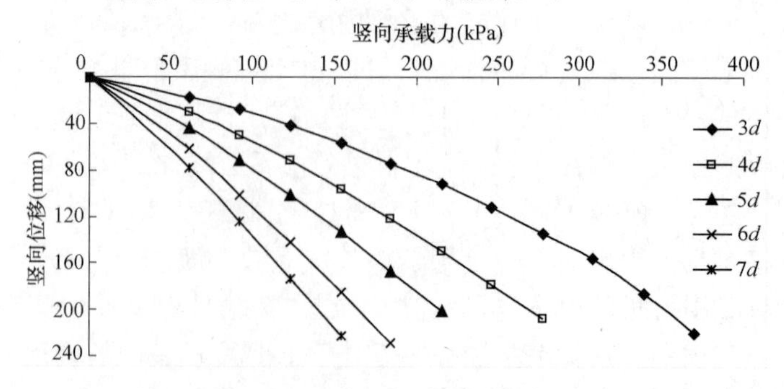

图 4-19　桩间距不同时竖向承载力与竖向位移曲线

4.3.4　不同桩长的影响

图 4-20 是桩距与桩径之比一定（$S_a/d=3$）时，桩长分别为 5、10、15、20、25，桩数为 9 根群桩时 JPP 基桩的竖向承载力和竖向沉降位移曲线。

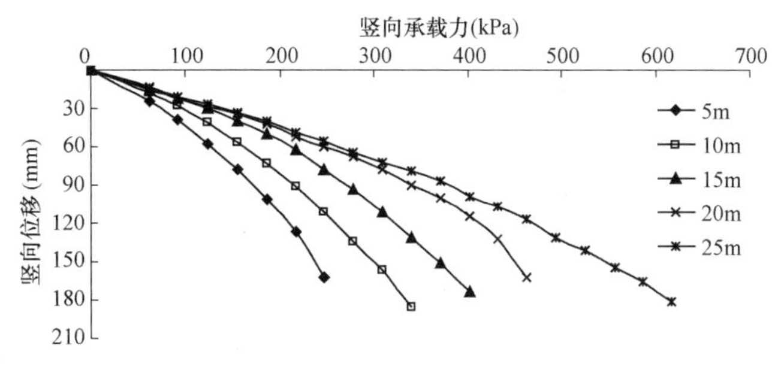

图 4-20　不同桩长时竖向承载力与竖向位移曲线

由图可见，其极限承载力随着桩长的增加而增加，这是因为随着桩长的增加，所提供桩侧阻力增加，相应极限承载力也增加，与单桩规律类似。

4.3.5　不同组合形式的影响

图 4-21 是 JPP 桩实际工程施工中常见的组合形式，为了分析群桩中几种不同组合形式的承载力特性，分别对 $S_a/d=3$、$L=10\text{m}$、9 根群桩情况下不同组合形式进行了模拟，其中上组合、下组合和分段组合水泥土总长度都为 6m，分段组合每段长度为 2m，分 3 段，每段间隔 1m。不同组合形式下的竖向承载力和竖向位移曲线如图 4-22 所示。

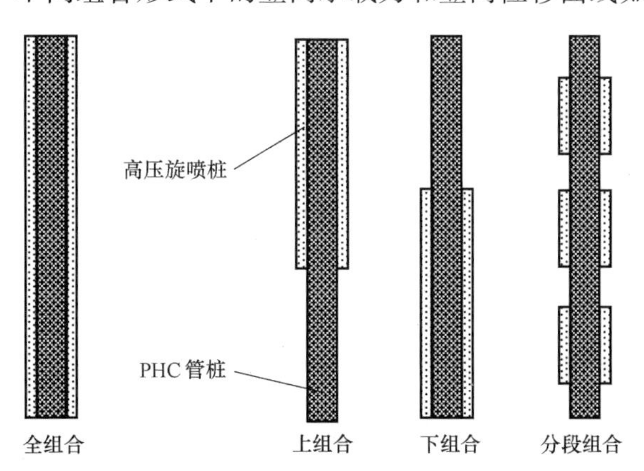

图 4-21　JPP 桩常见组合形式

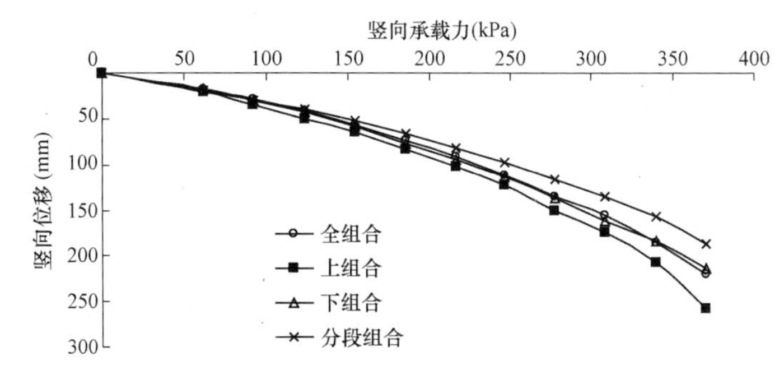

图 4-22　不同组合形式下竖向承载力与竖向位移曲线

由图 4-22 可以看出，上组合竖向承载力效果较差，分段组合承载力效果最好，下组合和全组合承载力-沉降位移曲线几乎重合，可以得出在实际工程施工中 JPP 桩宜使用分段组合形式。

图 4-23 是 JPP 桩在承载力 123kPa 作用下不同组合形式下芯桩轴力沿桩身的分布，由图可见，不同组合形式下桩身轴力分布不尽相同，但都存在如下规律：组合段桩身轴力曲线斜率较大，非组合段桩身轴力曲线斜率较小。这是因为组合段所提供的桩侧摩阻力较大，导致桩身轴力变化较大，非组合段所提供的桩侧摩阻力较小，桩身轴力变化较小。

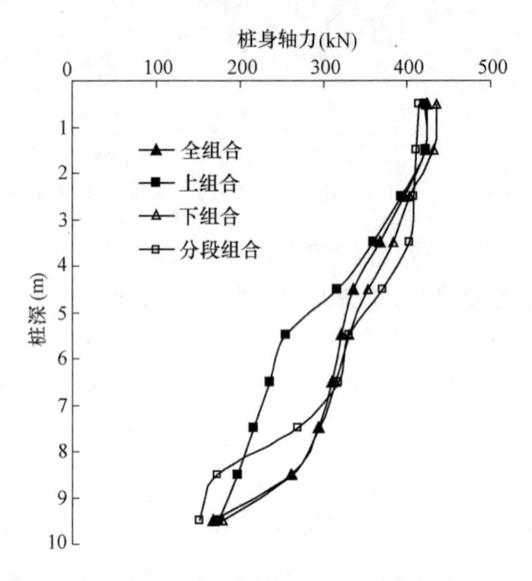

图 4-23　不同组合形式下芯桩轴力分布

4.3.6　不同水泥土模量的影响

图 4-24 是 $S_a/d=3$、$L=10$m、9 根群桩情况下水泥土弹性模量分别为 300、600、900、1500、3000、6000MPa 时 JPP 基桩在不同竖向承载力下竖向位移变化曲线。

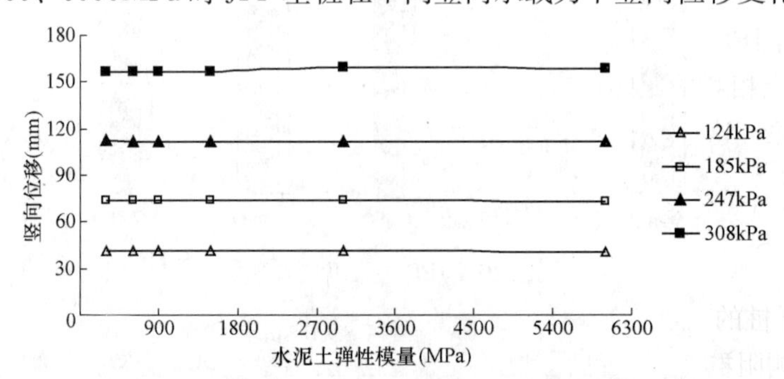

图 4-24　不同承载力下竖向位移随水泥土弹性模量变化曲线

由图 4-24 可见，在不同竖向承载力下，水泥土弹性模量的变化对竖向位移几乎没有影响，可以推出 JPP 群桩竖向变形主要由芯桩（PHC 管桩）控制，水泥土主要起到传递荷载的作用，这与单桩试验所得到的结论相一致。

图 4-25 是在 278kPa 承载力作用下芯桩轴力随水泥土弹性模量变化而变化的曲线，由图可见，水泥土弹性模量较小时对桩身轴力影响较小，当水泥土弹性模量大于 1500MPa 后，桩身轴力减小明显。可以推出，随着水泥土弹性模量的增加，水泥土可以分担一定的

荷载，从而可以减少芯桩轴力，起到保护芯桩的作用。

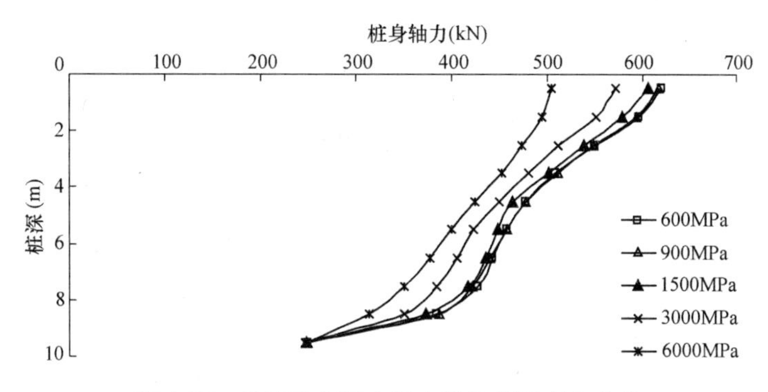

图 4-25　芯桩轴力随水泥土弹性模量变化曲线

4.4　本章小结

为了对带承台 JPP 单桩的荷载传递机理有更深入的认识，详细了解承台荷载分担作用，以自主开发的大型桩基试验模型槽为依托，开展了带承台 JPP 单桩足尺模型试验研究，通过预埋的钢筋应力计和土压力盒以及应变片等监测仪器对相关内容进行了直接测量，并与不带承台 JPP 单桩做了对比分析，得到以下结论：

（1）加承台后 JPP 桩承载力明显提高，这反映了桩一承台一土共同作用的特性。承台的存在使桩周土应力水平提高，使桩周土参与荷载的承担，这样可充分发挥桩周土的承载力，达到低承台复合桩基的目的。

（2）桩土应力比在 20～100 之间，并且随着荷载增加而降低。桩土应力比随深度增加而增加，离桩底较近处（4m）达到最大，然后在桩底处有所降低。桩顶处的桩土应力比基本维持在 22 左右，约为承台与桩面积比的 2 倍。

（3）带承台 JPP 单桩和不带承台 JPP 单桩桩身轴力分布近似相同，但由于承台的存在限制了 JPP 桩土相对位移，摩阻力不易发挥，所以会出现管桩和水泥土轴力在上部土体衰减减慢的现象。这使得需要较大位移才能使桩侧摩阻力充分发挥。

（4）与不带承台 JPP 单桩相比，承台对桩侧摩阻力有“削弱”作用，但对桩端阻力有“增强”作用，并且桩侧和桩端摩阻达到极限摩阻所需位移都增大，有一定的“滞后”效应。

（5）JPP 群桩的数值模拟表明，现行桩基技术规范对于 JPP 桩群桩基础的设计不完全适用，特别是侧阻群桩效应系数，因此，深入研究 JPP 群桩基础的工作性能是很有必要的；JPP 群桩不宜采用较大的桩间距，S_a/d 宜取 3，如果直径取芯桩（PHC 管桩）直径 d_1 时，S_a/d_1 宜取 4；JPP 群桩实际工程施工中宜采用分段组合形式；水泥土弹性模量改变对 JPP 群桩竖向变形几乎没有影响，群桩变形由芯桩控制。

第5章　高喷插芯组合桩承载力简化计算及影响因素 $FLAC^{3D}$ 数值分析

复合材料桩利用大的比表面积来提供摩阻力，同时用高强度的芯桩来承担荷载，理论上是一种经济有效的地基处理方法，一些学者对复合材料组合桩承载力方面进行了一系列研究。董平等[28-30]根据在上海、江阴两地试桩和实际工程应用的基础上，分析了混凝土芯水泥土搅拌桩竖向承载力的发挥机理、破坏模式和极限承载力。王健等[9]通过上海隧道工程股份公司施工技术研究所对水泥土搅拌桩内插H型钢的复合围护结构（SMW工法[7]）和几个工程实践经验的深入分析，提出了SMW工法的设计、计算方法，在借鉴国外经验的基础上，提出了考虑水泥土参与共同作用和型钢完整回收的新方法。凌光容等[25]通过第一批24根原型桩系列对比试验，证实芯长和含芯率适当的劲性搅拌桩平均具有高于混凝土桩30%以上的承载力，并初步掌握了劲性搅拌桩的荷载特性、工作机理和成桩工艺。吴迈等[26]对三根模型桩进行了室内模型试验研究，分析了水泥土组合桩荷载传递机理及其破坏模式。岳建伟等[208]进行了六根桩的荷载试验，研究表明，芯桩对组合桩复合地基的荷载传递起着关键作用，提高了组合桩的承载力，组合桩复合地基的承载力高于水泥土搅拌桩，水泥土的固化效应、芯桩的挤土效应和芯桩的荷载传递是组合桩复合地基高承载力的主要来源。刘杰等[70]对水泥土组合桩在相同条件下与混凝土灌注桩、预制桩的单桩承载力和经济指标等进行了比较。

JPP桩属于复合材料桩，本章首先提出了承载力的一种简化计算公式，并结合工程实例验证了公式的合理性，然后结合数值模拟分析了不同水泥土弹性模量、不同水泥土厚度和不同组合形式对JPP桩承载力的影响[209]，最后用灰色预测法预测了JPP桩的极限承载力并对比分析了三种不同的预测模型[210]。

5.1　承载力简化计算公式

单桩极限承载力应首先根据静载荷试验确定。当无试桩条件或在初步设计阶段或下述可不进行试桩的四个条件之一时，可用简化计算公式计算单桩极限承载力[211]：

（1）当附近工程有试桩资料，且沉桩工艺相同、地质条件相近时；

（2）重要工程中的附属建筑物；

（3）桩数较少的重要建筑物，并经技术论证；

（4）小港口中的建筑物。

JPP桩研发思路之一是取得JPP桩直径的PHC管桩的承载力，所以承载力计算时可以考虑这一因素。

5.1.1　简化计算公式

作为一种新桩型，JPP桩承载力的设计计算理论尚不成熟。与其他桩型承载力设计一样[28,123]，JPP 单桩竖向极限承载力由极限侧阻和极限端阻组成，但不同的是，JPP 桩极限侧阻由旋喷段极限侧摩阻和未旋喷段极限侧摩阻两部分组成，并且极限端阻依据不同的组合形式而定。JPP 单桩极限承载力 Q_u 可表示为：

$$\begin{aligned} Q_u &= Q_x + Q_c + Q_p \\ &= u^x \sum_{i=1}^{m} q_{si}^x l_i^x + u^c \sum_{j=1}^{n} q_{sj}^c\ l_j^c + q_p A_p \end{aligned} \tag{5-1}$$

式中 m——旋喷段土层数；

n——未旋喷段土层数；

Q_x——旋喷段总极限侧阻力；

Q_c——未旋喷段总极限侧阻力；

Q_p——总极限端阻力；

q_{si}^x——第 i 旋喷段极限侧摩阻；

q_{sj}^c——第 j 芯桩段极限侧摩阻，混凝土预制桩极限侧阻力，可从《建筑桩基技术规范》JGJ 94—2008 查得；

q_p——极限桩端阻力，可从《建筑桩基技术规范》JGJ 94—2008 查得；

u^x——高压旋喷桩周长；

u^c——芯桩周长；

l_i^x——第 i 段高压旋喷段长度；

l_j^c——第 j 段芯桩段长度；

A_p——桩端截面面积。

第一种承载力计算方法是（简称分段法），对于全组合、上组合和下组合来说，旋喷段极限侧阻力可以为预制芯桩极限侧阻力乘以相应的扩大系数 η_s，但桩端面积为芯桩桩端截面面积，式（5-1）变为：

$$Q_{u1} = u^x \eta_s \sum_{i=1}^{m} q_{si}^c l_i^x + u^c \sum_{j=1}^{n} q_{sj}^c\ l_j^c + q_p A_p^c \tag{5-2}$$

式中 A_p^c——芯桩桩端截面面积。

第二种承载力计算方法是（简称整体法），JPP 桩整体按预制桩来考虑。这个计算方法来源于 JPP 桩的研发思路之一，就是希望 JPP 组合桩能取得等于甚至高于旋喷桩直径的预应力桩的承载效果。整体法计算中 JPP 桩按预制桩来计算，直径取旋喷段直径，但桩端面积取原芯桩桩端截面面积，为了在公式中体现高压旋喷桩桩土粗糙的接触面所提供的较大侧摩阻力和旋喷段长度的大小，也乘以一个扩大系数 η_c，此时单桩极限承载力为：

$$Q_{u2} = u^x \eta_c \sum_{i=1}^{m+n} q_{si}^c\ l_i^c + q_p A_p^c \tag{5-3}$$

Q_u 取较小值：

$$Q_u = \min(Q_{u1}, Q_{u2}) \tag{5-4}$$

对于固底组合来说，桩端土得到加固，桩端阻力大大提高，所以这种组合情况下桩端面积取高压旋喷桩桩端截面面积，计算公式如下：

$$Q_{u1} = u^x \eta_s \sum_{i=1}^{m} q_{si}^c l_i^x + u^c \sum_{j=1}^{n} q_{sj}^c l_j^c + q_p A_p^x \tag{5-5}$$

$$Q_{u2}=u^{x}\eta_{c}\sum_{i=1}^{m+n} q_{si}^{c}l_{i}^{c}+q_{p}A_{p}^{x} \quad (5\text{-}6)$$

$$Q_{u}=\min(Q_{u1},Q_{u2}) \quad (5\text{-}7)$$

与固底组合相比，全组合、上组合以及下组合侧摩阻力发挥比较充分，扩大系数可相应地取大值。

上述承载力的计算方法已在实际JPP桩初步设计中得到了应用。

5.1.2 计算公式验证

天津市华正岩土工程有限公司综合楼基础采用的是高喷插芯组合桩[212]，桩长为20m，高压旋喷直径为700mm，芯桩为直径400mm的PHC管桩，试验了三种不同组合形式的JPP桩：1）上组合，旋喷段（0～－15）；2）固底组合，旋喷段（－15～－22）；3）扩底组合，旋喷段（－20～－22）。单桩静载荷试验结果：上组合单桩极限承载力为2200kN，固底组合单桩极限承载力为2300kN，扩底组合单桩极限承载力为1700kN。

根据岩土工程勘察报告，按层位提供预制桩极限侧阻力和极限端阻力如表5-1所示[213]。

预制桩桩侧极限摩阻力和桩端极限阻力 **表5-1**

岩性	层厚(m)	预制桩	
		q_{sik}(kPa)	q_{pk}(kPa)
黏土	2	37	—
淤泥质粉质黏土	13	23	—
粉质黏土	3	54	—
粉质黏土及粉土	7	75	2000

注：q_{sik}表示极限侧阻力，q_{pk}表示极限端阻力。

对于上组合，由式（5-2）、式（5-3）计算得：

$Q_{u1}=2161$kN（$\eta_s=1.85$），$Q_{u2}=2059$kN（$\eta_c=1.2$），$Q_u=\min(Q_{u1},Q_{u2})=2059$kN，与静载荷试验所做出的2200kN结果基本相符且有一定的安全储备。

对于固底组合，由式（5-5）、式（5-6）得：

$Q_{u1}=2268$kN($\eta_s=1.5$)，$Q_{u2}=2276$kN($\eta_c=1.0$)，$Q_u=\min(Q_{u1},Q_{u2})=2268$kN，与静载荷试验所做出的2300kN结果相一致，基本接近。

对于扩底组合，由于只在底部旋喷2m深，上部20m按预制桩极限侧摩阻力算，桩端阻力按旋喷截面面积计算。

$Q_u=1630$kN，与静载荷试验所做出的1700kN结果相符。

可见，通过工程实例的计算，初步验证了5.2.1节所提出极限承载力计算公式的合理性。

5.1.3 调整系数的确定

从5.2.2节可以看出，η_s和η_c的取值对承载力的计算起到至关重要的作用，所以如何合适的取值成为一个急需解决的问题。

从JPP桩的组合情况来看，η_s和η_c的大小应与旋喷桩的长度所占总桩长的比例$\beta=l_x/l$（简称组合比）有关，式中l_x是旋喷段长度的总和，l是JPP桩长度。根据JPP的特性以及工程实践经验，旋喷段长度l_x不宜小于5m，从经济角度和承载效果来看，也不宜采用全组合JPP桩（$\beta=1$），最好是分段组合，取得类似挤扩支盘桩的承载效果。结合组合比β的大小以及工程实践经验提出η_s和η_c如下计算公式：

$$\eta_s=\begin{cases}1.6 & \beta\leqslant 0.5\text{且 } l_x\geqslant 5\text{m}\\ 1.1+\beta, & 0.75\geqslant\beta>0.5\\ 1.85, & 1>\beta>0.75\end{cases} \tag{5-8}$$

整体法中 η_c 可按下式进行取值：

$$\eta_c=\begin{cases}1.0, & \beta\leqslant 0.25\text{且 } l_x\geqslant 5\text{m}\\ 1.1, & 0.5\geqslant\beta>0.25\\ 1.2, & 0.75\geqslant\beta>0.5\end{cases} \tag{5-9}$$

根据以上所提出的公式，对以下所用高喷插芯组合桩工程进行了计算分析：(1) 天津市华正岩土工程有限公司综合楼基桩检测报告（华正园）；(2) 南开大学学生公寓 9 号楼基桩检测（9 号楼）；(3) 天津开发区八大街蓝领公寓工程 1 号楼基桩静动力检测（蓝领公寓）；(4) 唐山蓝欣玻璃有限公司在线镀膜生产线一期工程——原料车间基桩检测（原料车间）；(5) 天津嘉里粮油有限公司二期工程油罐区基桩检测（油罐区）；(6) 中国船舶燃料供应天津公司天津港燃油供应 1 号基地扩建工程——燃料油罐区及泵区（燃供）。计算结果如表 5-2 所示。

各工况下得出的调整参数　　表 5-2

参数＼项目	华正园	9 号楼	蓝领公寓	原料车间	油罐区	燃供
桩长(m)	20	36	23	32	27	25
旋喷直径(mm)	700	600	600	650	600	750
芯桩直径(mm)	400	400	400	400	400	500
组合比 β	0.75	0.14	0.30	0.47	0.26	0.60
分段法(kN)	2161	2827	1893	2513	1566	2794
η_s	1.85	1.6	1.6	1.6	1.6	1.7
整体法(kN)	2059	3416	1870	2535	1599	2415
η_c	1.2	1.0	1.0	1.1	1.1	1.2

从表 5-2 可以看出，当组合比 β 较小时（0.14，9 号楼），分段法和整体法计算出的极限承载力相差较大，差值达到 589kN，并且整体法计算出的结果偏大；当组合比 β 大于 0.25 时，两种方法计算出的结果相差不多，基本在 10%以内。可以得出，在组合比大于 0.25 的情况下，所提出的组合比的计算公式是合理的。并且建议 JPP 桩从构造要求以及所要达到的承载效果两个角度来考虑的话，组合比 β 不宜小于 0.25。华正园基桩静载荷试验做到了破坏，JPP 桩极限承载力为 2200kN，表 5-2 计算结果与其基本吻合，略小于试验结果，初步验证了式（5-8）和式（5-9）的合理性。

在实际工程计算中，为了有一定的安全储备，式（5-8）和式（5-9）确定调整系数后，可以再乘以 0.9 的折减系数。由于 JPP 桩施工工况相对来说还比较少，今后还要搜集更多的静载荷试验结果对比验证式（5-8）和式（5-9）的合理性和可靠性，做进一步修正和完善。

5.2　破坏模式

由于 JPP 桩有 PHC 芯桩和高压旋喷水泥土两种材料组成，其破坏模式要比混凝土桩和高压旋喷水泥土桩复杂很多。为了便于分析 JPP 桩的破坏模式，把水泥土与土之间的接触面称为第一界面，芯桩和水泥土之间的接触面称为第二界面。JPP 桩可能会发生的破坏模式有三种：

（1）芯桩桩身材料破坏。当芯桩材料抗压强度小于芯桩极限侧摩阻力和芯桩极限端阻力时，会出现芯桩桩顶某一段压碎破坏。JPP 芯桩采用的是 PHC 管桩，强度达到 C80 以上，这样就可以保证芯桩有很高的抗压强度，本身不易破坏，除非桩顶加载很大的荷载。所以这种破坏模式在实际工程中很少发生。如果发生这种破坏模式，固底组合形式最易发生。

（2）第一界面发生破坏，即整体的刺入破坏。破坏时 JPP 组合桩已发挥了其极限侧摩阻力和极限端阻力，这种破坏模式能充分发挥桩侧摩阻力和桩端阻力，是一种理想的破坏模式，也是我们设计中所希望出现的破坏模式。JPP 桩大尺寸模型试验的破坏形式就是这种破坏模式。试验结束后开挖发现，水泥土和管桩没有脱离，整根桩的完整性较好，桩端水泥土有一定的破损，很显然是整体的刺入破坏。

（3）第二界面发生破坏，即水泥土与芯桩产生脱离。这主要是由于荷载主要由芯桩承担，芯桩没有较大的侧表面积将荷载传递给水泥土，再加上芯桩与水泥土粘结强度不高，是导致发生这种破坏模式的原因。由于高压旋喷桩本身的抗压强度较高（5MPa 左右），这样能保证水泥土与芯桩有足够的粘结强度，防止水泥土与芯桩的脱离，如果芯桩用“带肋”PHC 管桩，会更进一步提高芯桩和水泥土的粘结性能。实际工程中，如果 JPP 桩满足构造要求，一般不会发生这种破坏模式。

在实际工程设计中，第一种破坏模式一般不会发生，我们最希望出现的是第二种破坏模式，防止出现第三种破坏模式。

5.3 承载力影响因素 FLAC^{3D}数值分析

为了较为全面分析 JPP 桩承载力的影响因素以及不同情况下的受力特性，进行了水泥土模量、水泥土厚度以及不同组合形式的数值分析。

5.3.1 模型建立

FLAC^{3D}数值模拟尺寸与实际模型槽尺寸相同，因为仅分析 JPP 桩受竖向荷载下的受力特性，为轴对称问题，桩和土体取一半模型进行计算，模型网格划分如图 5-1 所示。在紧靠桩身的部位，用 radcylinder 模型使单元加密，保证计算的精度。共划分 1692 单元，2317 个节点。计算分析时，芯桩和周围的水泥土都采用线弹性模型，土体采用 Mohr-Coulomb 弹塑性模型。

土体物理力学参数如表 5-3 所示。

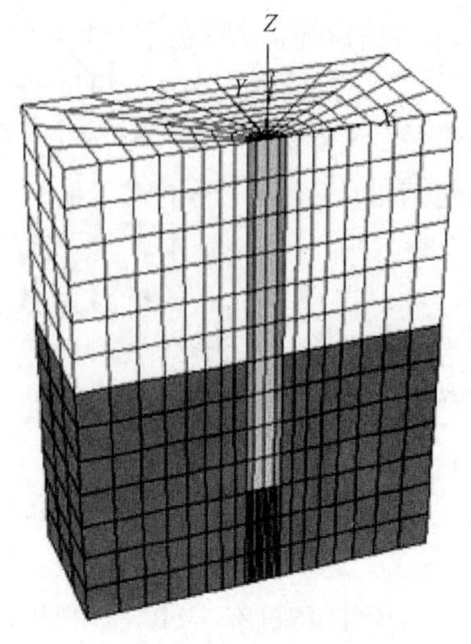

图 5-1 网格划分

5.3.2 接触面模型

FLAC^{3D}中用三角形单元和节点来表征界面的特性[214]，如图 5-2 所示，每个节点都有代表区域，所有的节点的代表区域就代表整个接触面。

接触面上的本构模型是 Coulomb 剪切强度准则：

$$F_{smax}=c_i A+F_n \tan\phi_i$$

土体基本物理力学性质 **表 5-3**

项目	黏土	砂土
实测含水率(%)	29.3	5.49
天然密度(g/cm³)	1.92	1.55
黏聚力(kPa)	24.7	9.76
摩擦角(°)	28.2	24.3
压缩模量(MPa)	4.69	14.7

式中 F_{smax}——最大剪切力；

c_i——第 i 层接触面的黏聚力；

ϕ_i——第 i 层接触面的摩擦角；

F_n——法向力；

A——界面节点代表区域的面积。

如果 $F_s < F_{smax}$，接触面处于弹性阶段，$F_s = F_{smax}$，接触面进入塑性阶段。这里，c_i、ϕ_i这两个指标与每个土层的力学指标相联系。

根据JPP桩的实际情况，定义了水泥土与土、芯桩与水泥土以及桩端部与土三个接触面，从而可以更准确地分析桩的荷载传递机理。由于各个土层有不同的物理力学参数，为了更符合桩与土接触面的实际情况，桩与各土层的接触面也定义了不同的参数，通过选择合理的参数，实现桩土界面非线性模拟。

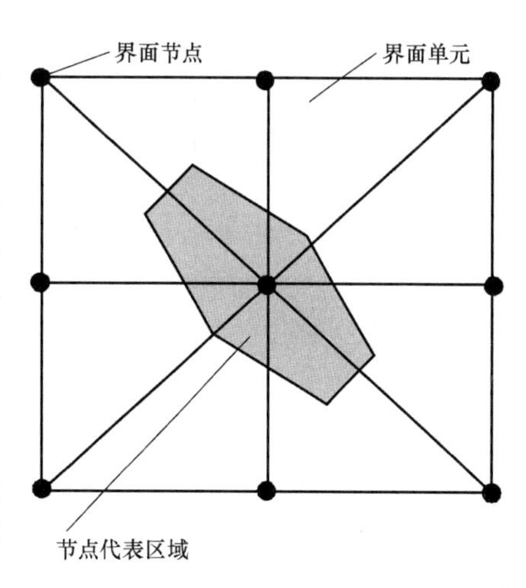

图 5-2 FLAC³ᴰ中的接触面单元

5.3.3 模拟结果分析

5.3.3.1 荷载沉降曲线

单桩静载荷试验的荷载-沉降（Q-S）曲线是桩土体系的荷载传递、侧摩阻力和端摩阻力发挥性状的综合反应，研究桩的荷载一沉降曲线是研究桩的受力机理的重要途径之一。图 5-3 给出了模型槽静载荷试验结果与FLAC³ᴰ数值模拟结果的比较，曲线规律基本吻合，证明所建模型是可靠的。从图中可以看出，JPP桩的单桩极限承载力为200kN。

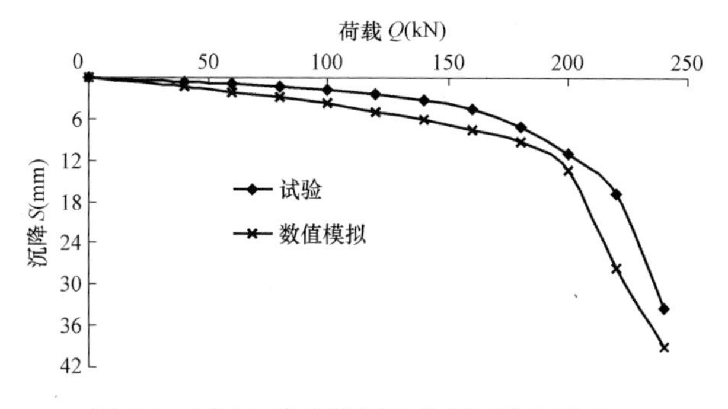

图 5-3 试验与数值模拟的荷载沉降曲线对比

图 5-4 是 200kN 荷载下的网格变形图，表现出整体刺入破坏，与试验结果相一致。桩周土层网格由于受到竖向剪应力的作用，导致网格“下沉”，网格产生弯曲，桩土界面产生剪切位移。桩侧土体的不连续性变形反映了桩土之间产生了滑移，随着荷载的进一步增加，桩与土之间的滑移越来越明显，桩周土也慢慢进入塑性发展阶段，桩侧摩阻力得到充分发挥。

图 5-5 是各级荷载作用下桩周土表面沉降发展过程，反映了桩土接触面滑移直至破坏的发展过程。

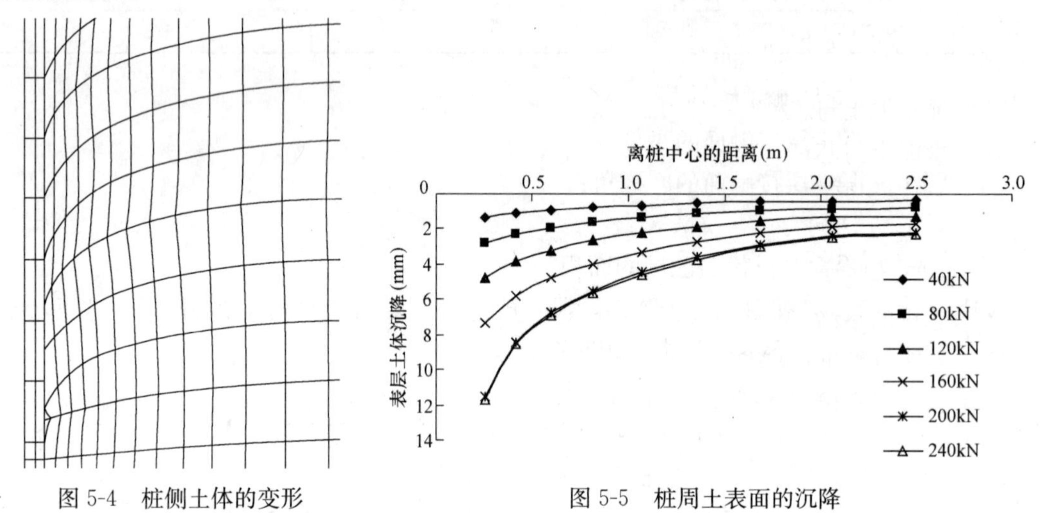

图 5-4　桩侧土体的变形　　　　图 5-5　桩周土表面的沉降

由图 5-5 可看出，200kN 和 240kN 荷载作用下的表层土沉降基本相同，说明 240kN 荷载作用下桩土接触面已经发生破坏，从这一点也可以判断极限荷载为 200kN。从图中也可看出，桩土界面发展的影响范围大约为 2m。实际工程施工中，高压旋喷桩旋喷直径不尽相同，形成了锯齿形的桩表面积，桩侧表面积增加，在荷载作用下，桩拉动周围的土一起下沉，所以桩土界面发展的实际影响范围比数值模拟的更大一些，从而 JPP 桩具有很高的桩侧摩阻力，承载能力较高。

5.3.3.2　水泥土弹性模量改变

图 5-6 是水泥土厚度不变（100mm）的情况下，JPP 桩受荷载 100kN 时管桩轴力随水泥土弹性模量改变而变化的曲线。

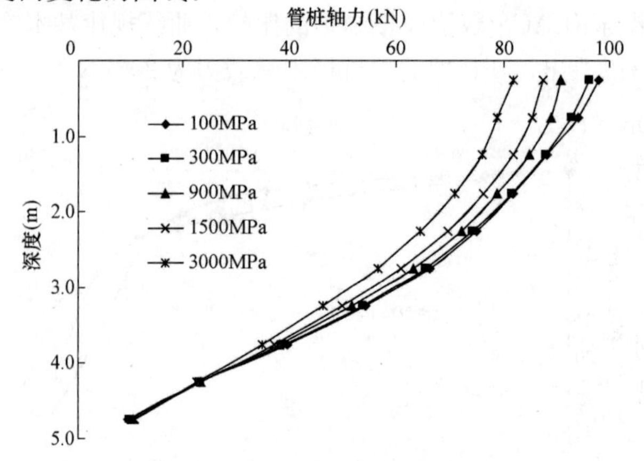

图 5-6　管桩轴力随水泥土弹性模量的变化曲线（100kN）

从图 5-6 中可以看出，当水泥土弹性模量大于 300MPa 时管桩轴力才会明显变小，特别是上部管桩。可见，如果水泥土能分担一定的荷载且保证管桩与水泥土有足够的粘结力，水泥土弹性模量不宜小于 300MPa。

从 JPP 桩受力机理来考虑，水泥土与芯桩的粘结强度要保证在正常荷载作用下芯桩与水泥土不脱离，这样才能充分利用高压旋喷桩侧表面积较大的优势。如果按 $E_s=200f_{cu}$（E_s，f_{cu}分别为水泥土弹性模量和无侧限抗压强度）这个经验公式来计算，水泥土无侧限抗压强度 $f_{cu}\geqslant1.5$MPa，这样确保水泥土有足够的强度来保证水泥土与芯桩变形协调和共同受力。

在保证水泥土与芯桩变形协调的前提下，桩体上部结构大部分荷载首先传递给芯桩，芯桩通过水泥土与芯桩之间的粘结力传给水泥土，然后水泥土通过桩侧或桩端摩阻力传递给桩周土，这样从芯桩到土体通过水泥土的过渡形成强、中、弱的渐变过程，构成一种中间强度高外围强度低的合理的荷载传递桩体结构。这种荷载传递桩体结构形式要求芯桩要有足够的抗压强度，起到控制变形的目的，另外水泥土也要满足构造要求，水泥土强度和水泥土与芯桩的粘结强度都不能太低，这样才能保证荷载传递到范围更大的桩周土体中。

图 5-7 是 JPP 桩在 200kN 上部荷载作用下桩顶沉降随水泥土弹性模量改变而变化的曲线，由图可以看出，桩顶沉降几乎不受水泥土弹性模量的影响，近似一条水平线。这进一步证实了 JPP 桩变形由芯桩控制这一结论。

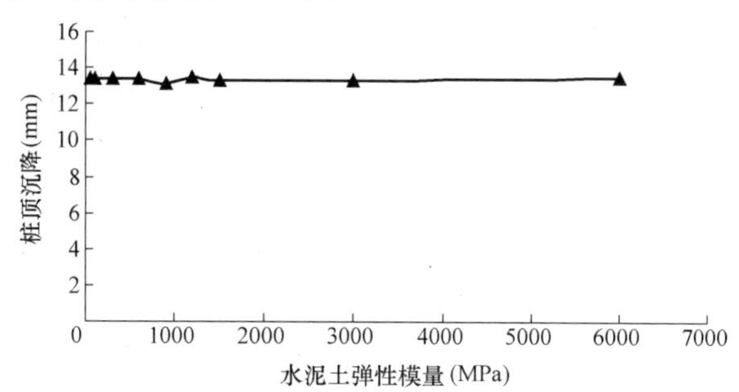

图 5-7 桩顶沉降随水泥土弹性模量改变而变化曲线（200kN）

5.3.3.3 水泥土厚度改变

图 5-8 是 100kN 荷载作用下，管桩轴力随水泥土厚度改变而变化的曲线。水泥土要有一定的厚度来保证充分利用旋喷桩较大侧表面积的优势，从图中可以看出，水泥土厚度 100mm（$d_1/3$，d_1 是管桩直径）以上时管桩轴力减小明显，特别对管桩上部来说。但水泥土厚度也不能过大，这是因为水泥土与管桩的黏聚力有限，要保证管桩与水泥土协调变形，管桩与水泥土所受到的摩阻力不能大于水泥土与管桩的粘结强度。

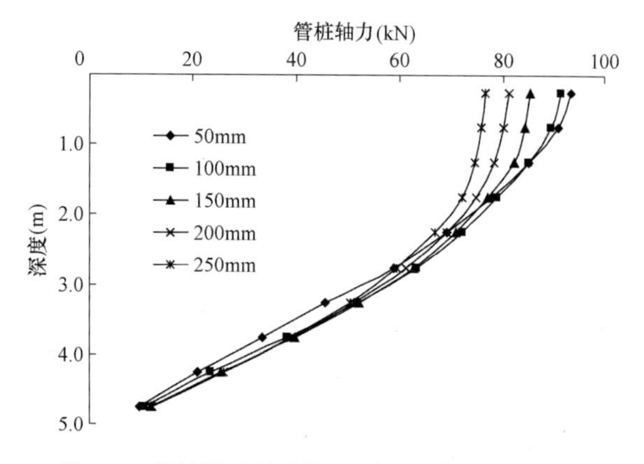

图 5-8 芯桩轴力随水泥土厚度改变而变化曲线

不同水泥土厚度下荷载-沉降曲线

如图 5-9 所示。由图 5-9 可以看出，随着水泥土厚度的增加，极限荷载也在增加，但为了保证芯桩与水泥土不因芯桩受荷载过大而导致脱离，在满足实际工程需要的前提下，水泥土厚度不宜过厚。从工程实际以及安全角度综合考虑，水泥土厚度应满足以下关系：$100 \leqslant h \leqslant d_1/2$，也即是高压旋喷桩直径 d_2 应满足以下关系：$d_1+200 \leqslant d_2 \leqslant 2d_1$，固底组合形式因可以有效地控制沉降，水泥土厚度最大值可以相应增加。

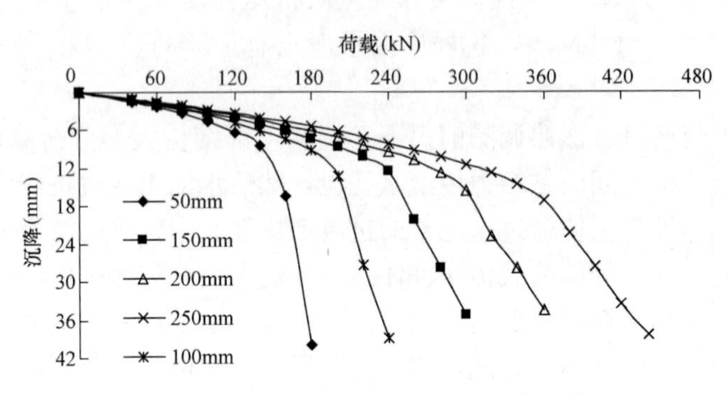

图 5-9　不同水泥土厚度下荷载沉降曲线

JPP 桩中管桩和水泥土微单元受力示意如图 5-10 所示。图 5-10 中，f_i 表示内摩阻力（管桩与水泥土摩阻力），f_i' 表示外摩阻力（水泥土与周围土摩阻力），N_i、N_i' 分别是 i 断面管桩轴力和水泥土轴力，N_{i+1}、N_{i+1}' 分别是 $i+1$ 断面管桩轴力和水泥土轴力。

根据桩体的受力平衡，可以得出管桩和水泥土微单元受力平衡方程：

$$\pi d_1 L_i f_i = N_{i+1} - N_i \qquad (5\text{-}10)$$

$$\pi d_2 L_i f_i' + N_i' = N_{i+1}' + \pi d_1 L_i f_i \qquad (5\text{-}11)$$

式中　d_1——管桩直径；

d_2——JPP 桩直径；

L_i——第 i 断面和 $i+1$ 断面之间的桩长。

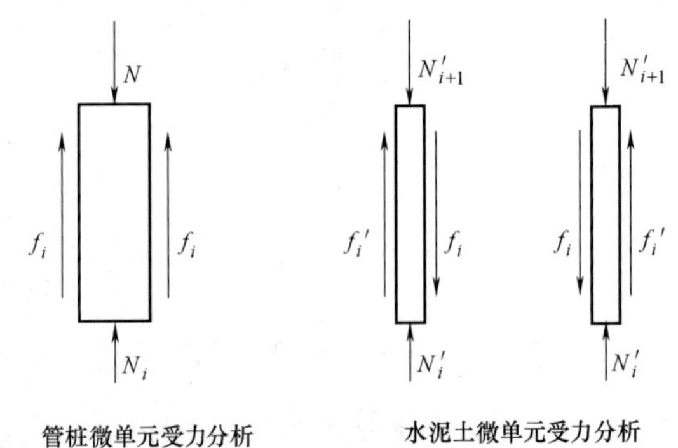

图 5-10　芯桩和水泥土微单元受力分析

如果 JPP 桩按 $d_2=2d_1$（上限值）来计算的话，外摩阻力取极限值 f_{iu}'，由式（5-11）得：

$$\pi d_1 L_i (2f_{iu}' - f_i) = N_{i+1}' - N_i'$$

对于每段水泥土微单元来说，N_i' 和 N_{i+1}' 相差不多，近似取相等，那么：

$$\pi d_1 L_i (2f_{iu}' - f_i) = 0$$

$$2f_{iu}' = f_i$$

从工程安全储备角度考虑，极限内摩阻 f_{iu} 不宜小于两倍极限外摩阻 f_{iu}'，即 $f_{iu} \geqslant 2f_{iu}'$，这样可以保证 JPP 桩整体受力，防止出现芯桩与水泥土产生滑移这种破坏模式。可以采取以下两种措施使内摩阻力尽量达不到极限：（1）研发“带肋”PHC 管桩（与带肋钢筋类似），芯桩采用“带肋”PHC 管桩，增强水泥土与芯桩的粘结强度；（2）采用固底组合形式，减小水泥土与芯桩的相对位移，减缓内摩阻力的发挥。

5.3.3.4 不同组合形式

上组合、下组合、固底组合（水泥土深度为3m、厚度100mm）和全组合荷载-沉降模拟曲线如图5-11所示。由图可以看出，上组合和下组合的极限承载力为140kN，为全组合极限荷载的70%。固底组合曲线还没有明显的陡降，这是由于桩底土性质得到改善，桩端阻力显著提高，相应的极限承载力也显著提高。

可见，对于提高承载力来说，固底组合形式是最优的，但在实际工程施工中，桩长一般在20m以上，桩底旋喷水泥土给施工带来一定的难度，再加上JPP桩主要靠桩侧摩阻力来提供承载力，所以实际施工中主要以图5-12（*a*）所示的下组合形式施工。实际高压旋喷施工中，由于旋喷直径不尽相同，旋喷后桩侧表面如葫芦形或锯齿形，形成如图5-12（*b*）所示粗糙的桩侧表面，从而可以提供更大的承载力。

图5-13是三种组合形式下管桩轴力分布，由图可以看出，有水泥土段的轴力衰减斜率较大，这与水泥土与土层接触面比较粗糙有关，另外，固底组合时的桩底荷载较大，达到了20kN，占总荷载的20%，上组合和下组合桩底荷载所占总荷载的比例为6.7%、10.7%，可见固底组合可以更有效的发挥桩端阻力的优势。虽桩底荷载模拟结果比试验结果偏小，但从模拟结果能定性的说明一些问题。

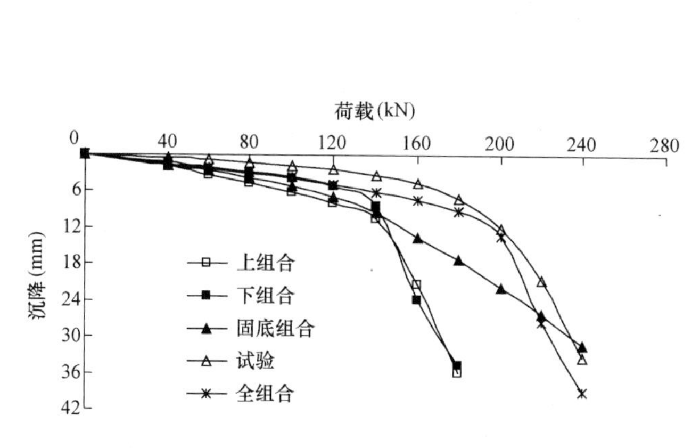

图5-11 不同组合形式下荷载沉降曲线对比

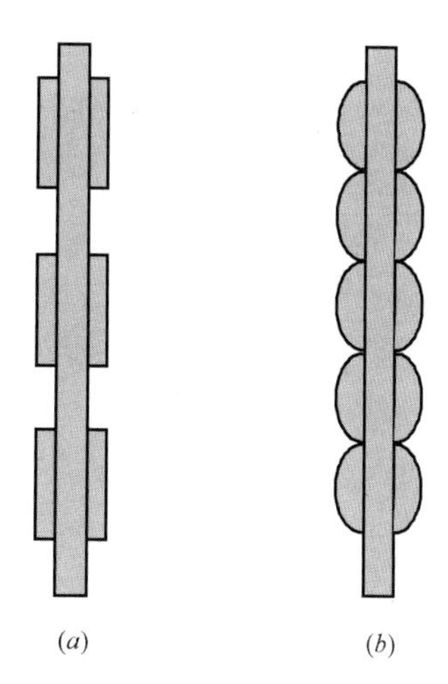

图5-12 实际工程中常用的组合形式

（*a*）常用组合形式；（*b*）葫芦形

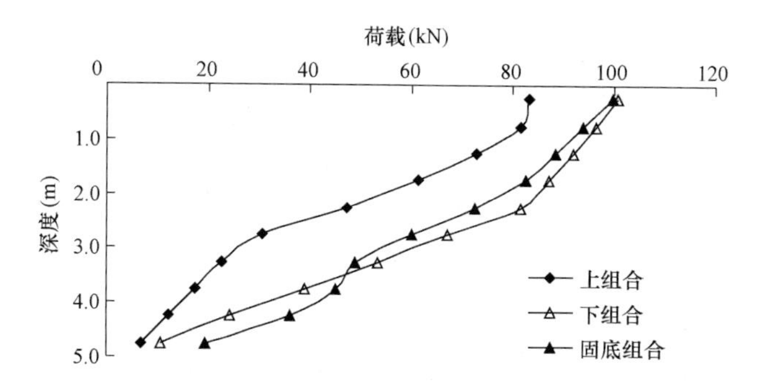

图5-13 不同组合形式下管桩轴力分布（100kN）

5.4 JPP 桩极限承载力的灰色预测

单桩极限承载力的确定是一个十分复杂的问题，影响因素多，对影响因素的研究还远远不够；从经济上考虑，对一般工程问题，人们不可能对全部因素都进行精确研究，工程桩也大多数做不到破坏。如果把静载荷试验作为灰色系统，利用灰色系统的概念来研究处理，往往会取得满意的结果。罗战友等[215]用灰色理论中的非等步长 GM（1，1）模型对未达到破坏的单桩极限承载力进行了预测，通过工程实例表明，模型能够满足工程的需要；周国林[216]用灰色系统理论中的 GM（1，1）模型预测单桩极限承载力，取得了较为满意的结论。由于许多工程的单桩静载荷试验只能加到两倍设计荷载，往往无法达到试桩的极限或破坏荷载。如果根据没有达到极限荷载的实测 Q-S（荷载-沉降）曲线即能估算单桩极限承载力，将具有一定的现实意义。

本节首先讨论了三种不同的灰色模型在有限的实测数据条件下预测单桩极限承载力以及荷载-沉降关系的方法，然后通过对达到破坏和未达到破坏 JPP 桩工程实例进行了分析计算，比较了三种预测模型的精度。

5.4.1 非等步长 GM（1，1）模型

灰色理论是利用有限的、不完全确切的、表示系统行为特征的原始数据序列作生成变换后建立微分方程，推求或预测系统特性的全貌或发展趋势的方法。对灰色过程建立的模型称为灰色模型（GreyModel），简称 GM 模型。预测模型为一阶微分方程且只有一个自变量的灰色模型，记为 GM（1，1）模型。对于桩的荷载与沉降的关系而言，就只有一个自变量，可把荷载 Q 作为灰信息，沉降 S 作为广义时间进行非等步长的 GM（1，1）建模进行预测。按数据的不同取舍常用的 GM（1，1）模型有[217-219]：

5.4.1.1 全信息非等步长 GM（1，1）模型

由荷载试验可以得到初始的荷载序列和沉降序列为：

$$\left.\begin{aligned} Q^{(1)}&=[Q^{(1)}(1),Q^{(1)}(2),\cdots,Q^{(1)}(n)]\\ S^{(1)}&=[S^{(1)}(1),S^{(1)}(2),\cdots,S^{(1)}(n)]\end{aligned}\right\} \tag{5-12}$$

将上述序列进行一次累减（IAGO），得到新序列分别为：

$$\left.\begin{aligned} Q^{(0)}&=[Q^{(0)}(2),Q^{(0)}(3),\cdots,Q^{(0)}(n)]\\ S^{(0)}&=[S^{(0)}(2),S^{(0)}(3),\cdots,S^{(0)}(n)]\end{aligned}\right\} \tag{5-13}$$

其中：

$$\left.\begin{aligned} Q^{(0)}(i)&=Q^{(1)}(i)-Q^{(1)}(i-1)\quad i=2,3,\cdots,n\\ S^{(0)}(i)&=S^{(1)}(i)-S^{(1)}(i-1)\quad i=2,3,\cdots,n\end{aligned}\right\} \tag{5-14}$$

根据灰色系统的建模方法，建立一阶线性动态微分方程，记为 GM（1，1）：

$$\frac{\mathrm{d}Q^{(1)}}{\mathrm{d}S^{(1)}}+aQ^{(1)}=b \tag{5-15}$$

式中 a——发展系数（1/mm）；

b——灰作用量（kN/mm）。

由最小二乘法，可以求得：

$$[a,b]^{\mathrm{T}}=(B^{\mathrm{T}}B)^{-1}B^{\mathrm{T}}y_{\mathrm{n}} \tag{5-16}$$

其中：

$$B=\begin{bmatrix} S^{(0)}(2) & & & 0 \\ & S^{(0)}(3) & & \\ & & \ddots & \\ 0 & & & S^{(0)}(n) \end{bmatrix} \cdot \begin{bmatrix} -\frac{1}{2}[Q^{(1)}(1)+Q^{(1)}(2)] & 1 \\ -\frac{1}{2}[Q^{(1)}(2)+Q^{(1)}(3)] & 1 \\ \vdots & \vdots \\ -\frac{1}{2}[Q^{(1)}(n-1)+Q^{(1)}(n)] & 1 \end{bmatrix} \tag{5-17}$$

$$y_n=[Q^{(0)}(2),Q^{(0)}(3),\cdots,Q^{(0)}(n)]^{T} \tag{5-18}$$

则微分方程（5-15）的解为：

$$\hat{Q}^{(1)}(k+1)=\left[Q^{(1)}(1)-\frac{b}{a}\right]e^{-a[S^{(1)}(k+1)-S^{(1)}(1)]}+\frac{b}{a} \tag{5-19}$$

$$\hat{S}^{(1)}(k+1)=S^{(1)}(1)-\frac{1}{a}\ln\left[\frac{Q^{(1)}(k+1)-\frac{b}{a}}{Q^{(1)}(1)-\frac{b}{a}}\right] \tag{5-20}$$

式中　$\hat{Q}^{(1)}$ $(k+1)$——第 $k+1$ 级桩顶荷载预测值；

　　$\hat{S}^{(1)}$ $(k+1)$——第 $k+1$ 级荷载作用下桩顶产生的沉降预测值。

式（5-19）、式（5-20）为 Q-S 曲线的模型公式。当已知桩顶沉降值时，由式（5-19）可以预测桩顶荷载值，当给定桩顶荷载值时，根据式（5-20）可以预测桩顶的沉降值。对式（5-19）取极限可以得到单桩承载力极限值的预测结果，即：

$$Q_u=\lim_{S^{(1)}(k+1)\to\infty}\hat{Q}^{(1)}(k+1)=\frac{b}{a} \tag{5-21}$$

实际上，对一般工程 $S\geqslant100$mm 时就足以使 $\hat{Q}^{(1)}$ $(k+1)\approx\frac{b}{a}$。

5.4.1.2　新息模型

即增加一个最新的信息，便将新信息加入原始数列中。比如原来 $x^{(0)}$ 是 n 个数据，当得到第 $n+1$ 个数据 $x^{(0)}(n+1)$，则 $x^{(0)}$ 变为

$$x^{(0)}=\{x^{(0)}(1),x^{(0)}(2),\cdots,x^{(0)}(n),x^{(0)}(n+1)\}$$

按补充了新息 $x^{(0)}(n+1)$ 后的临域建模（全数列建模）得到的模型称为新息模型。

5.4.1.3　等维新息模型

新息模型的优点是反映了系统的最新信息。可是随着时间的推移，$x^{(0)}$ 数据越来越多，这样就要求计算机存储容量无止境地增大，相应地计算工作量也会无止境地加大，为此常常采取增加新信息与去掉老信息同时进行的方式建模。等维新息模型常称为新陈代谢模型，它的机理与一般建模理论中的遗忘因子适应建模思路接近。具体步骤如下：

先根据这些实测的不完全的荷载和沉降数据（假设为 n 级荷载和沉降数据），建立 GM（1，1）模型，并求出相应的荷载-沉降关系式（5-19）和式（5-20）。然后根据式（5-20）计算出当第 $n+1$ 级荷载（根据荷载试验估算）作用时的沉降预测值，再将第 $n+1$ 级荷载加到原始荷载序列中，作为最后一级荷载，并去掉第一级荷载，即为等维灰数，从

而形成新的荷载序列。同样，将第 $n+1$ 级荷载作用下的预测沉降也加入到原始的沉降序列中，作为最后一级沉降，并去掉第一级荷载作用下的沉降，从而建立新的沉降序列。新建立的荷载序列和沉降序列的维数与原始序列的维数是相同的。如式（5-22）所示：

$$\left.\begin{aligned}Q^{(1)}&=[Q^{(1)}(2),Q^{(1)}(3),\cdots,Q^{(1)}(n+1)]\\S^{(1)}&=[S^{(1)}(2),S^{(1)}(3),\cdots,S^{(1)}(n+1)]\end{aligned}\right\}\tag{5-22}$$

式（5-22）也可记为：

$$\left.\begin{aligned}Q'^{(1)}&=[Q'^{(1)}(1),Q'^{(1)}(2),\cdots,Q'^{(1)}(n)]\\S'^{(1)}&=[S'^{(1)}(1),S'^{(1)}(2),\cdots,S'^{(1)}(n)]\end{aligned}\right\}\tag{5-23}$$

式（5-19）、式（5-20）相应地变为：

$$\hat{Q}'^{(1)}(k+1)=\left[Q'^{(1)}(1)-\frac{b'}{a'}\right]e^{-a'[S'^{(1)}(k+1)-S'^{(1)}(1)]}+\frac{b'}{a'}\tag{5-24}$$

$$\hat{S}'^{(1)}(k+1)=S'^{(1)}(1)-\frac{1}{a'}\ln\left[\frac{Q'^{(1)}(k+1)-\frac{b'}{a'}}{Q'^{(1)}(1)-\frac{b'}{a'}}\right]\tag{5-25}$$

根据新的荷载序列和沉降序列建立新的 GM（1，1）模型，再根据式（5-20）预测下一级（$n+2$ 级）荷载作用下的沉降……。如此逐个预测，依次递补，直到预测荷载（假设为 $n+j$ 级）大于桩的预估的破坏荷载为止，那么 $n+j-1$ 级荷载就可以确定为最终的极限荷载。

5.4.1.4 预测模型的检验

为了判断预测模型是否可靠，预测精度是否满足工程要求，必须对预测模型进行精度检验，主要检验方法有关联度检验和后验差检验两类。关联度检验主要检验预测曲线与实测曲线之间的相似程度，后验差检验则是检验预测曲线与实测曲线在空间相对位置的重合程度。显然，后验差越小关联度就越大，预测模型的预测精度就越高。建立残差序列为：

$$\varepsilon(i)=\hat{Q}^{(1)}(i)-Q^{(1)}(i)\quad i=1,2,\cdots,n\tag{5-26}$$

由此计算得残差均值：

$$\bar{\varepsilon}=\frac{1}{n}\sum_{i=1}^{n}\varepsilon(i)\tag{5-27}$$

残差方差：

$$R_1^2=\frac{1}{n}\sum_{i=1}^{n}(\varepsilon(i)-\bar{\varepsilon})^2\tag{5-28}$$

荷载均值：

$$\overline{Q}=\frac{1}{n}\sum_{i=1}^{n}Q^{(1)}(i)\tag{5-29}$$

荷载方差：

$$R_2^2=\frac{1}{n}\sum_{i=1}^{n}(Q^{(1)}(i)-\overline{Q})^2\tag{5-30}$$

后验差比值：

$$C=\frac{R_1}{R_2}\tag{5-31}$$

小误差概率：

$$T=T\{[|\varepsilon(i)-\bar{\varepsilon}|]<0.6745R_2\} \tag{5-32}$$

根据 T 和 C 两个指标，可以综合评定预测模型的精度，具体标准见表 5-4。

预测精度检验 表 5-4

预测精度	好	合格	勉强	不合格
T	>0.95	>0.80	>0.70	≤0.70
C	<0.35	<0.50	<0.65	≥0.65

若检验不合格，可根据式（5-26）建立残差 GM（1，1）模型，将残差的预测值加到原来的预测值上进行修正，直到满足所需的精度为止。

5.4.2 应用实例分析

5.4.2.1 达到破坏的工程实例分析

华正岩土公司综合楼地基基础采用的是高喷插芯组合桩[212]，直径为 700mm，PHC 管桩直径为 400mm，桩长为 20m。

表 5-5 是静载荷试验数据，最后一级荷载确定为极限承载力，即 2200kN。

静载荷试验实测数据 表 5-5

荷载级别	一	二	三	四	五	六	七	八	九
荷载(kN)	440	660	880	1100	1320	1540	1760	1980	2200
累计沉降(mm)	1.47	2.52	4.19	7.01	10.50	15.28	20.85	27.36	36.59

取原始数据列中的三、四、五、六、七作为已知数据来预测桩的极限承载力，三种预测模型计算结果如下：

（1）原模型

原模型即为全信息非等步长 GM（1，1）模型，原始数据为：

$Q^{(1)}=\{880,1100,1320,1540,1760\}$　　$Q^{(0)}=\{220,220,220,220\}$

$S^{(1)}=\{4.19,7.01,10.50,15.28,20.85\}$　　$S^{(0)}=\{2.82,3.49,4.78,5.57\}$

计算得到发展系数 $a=0.0564\text{mm}^{-1}$，灰作用量 $b=130.6249\text{kN/mm}$，试桩的极限荷载预测值 $Q_u=b/a=2316.04\text{kN}$，代入式（5-20）得：

$$\hat{S}^{(1)}(k+1)=4.19-17.73\ln\left[\frac{Q^{(1)}(k+1)-2316.04}{-1436.04}\right]$$

$C=\dfrac{R_1}{R_2}=0.0209<0.35$，且 $T=T\{|\varepsilon(i)-\bar{\varepsilon}|<0.6745R_2\}=1.0$，预测精度为好。

（2）新息模型

根据静载荷试验规则，补充一个数据 $Q^{(1)}$（8）$=1980\text{kN}$，所对应的位移采用原模型计算出的位移 $S^{(1)}(11)=29.94\text{mm}$，则 $Q^{(1)}$、$S^{(1)}$ 变为：

$$Q^{(1)}=\{880,1100,1320,1540,1760,1980\}$$

$$S^{(1)}=\{4.19,7.01,10.50,15.28,20.85,29.94\}$$

计算得到发展系数 $a=0.0579\text{mm}^{-1}$，灰作用量 $b=132.7033\text{kN/mm}$，试桩的极限荷载预测值 $Q_u=b/a=2291.94\text{kN}$，代入式（5-20）得：

$$\hat{S}^{(1)}(k+1)=4.19-17.27\ln\left[\frac{Q^{(1)}(k+1)-2291.94}{-1410.94}\right]$$

$C=\frac{R_1}{R_2}=0.0157<0.35$，且 $T=T\{|\varepsilon(i)-\bar{\varepsilon}|<0.6745R_2\}=1.0$，预测精度为好。

（3）等维信息模型

令 $k=7$，则 $Q^{(1)}(k+1)=Q^{(1)}(8)=1980\text{kN}$，代入新息模型得到：$\hat{S}^{(1)}(k+1)=\hat{S}^{(1)}(8)=30.27\text{mm}$，将 $Q^{(1)}(11)=1980\text{kN}$ 加入原荷载序列，并去除第一级荷载得到新的荷载序列为：

$$Q^{(1)}=\{1100,1320,1540,1760,1980\}$$

将 $\hat{S}^{(1)}(11)=30.27\text{mm}$ 加入原沉降序列，并去除第一级沉降得到新的沉降序列为：

$$S^{(1)}=\{7.01,10.50,15.28,20.85,30.27\}$$

计算得到 $a=0.0575\text{mm}^{-1}$，$b=131.367\text{kN/mm}$，$Q_u=2284.64\text{kN}$，代入式（5-25）得：

$$\hat{S}^{(1)}(k+1)=7.01-17.39\ln\left[\frac{Q^{(1)}(k+1)-2284.64}{-1184.64}\right]$$

令 $k=8$，则 $Q^{(1)}(k+1)=Q^{(1)}(9)=2200\text{kN}$，得到：$\hat{S}^{(1)}(k+1)=\hat{S}^{(1)}(9)=53.37\text{mm}$，重复上述过程得到新荷载序列和沉降序列为：

$$Q^{(1)}=\{1320,1540,1760,1980,2200\}$$

$$S^{(1)}=\{10.50,15.28,30.27,53.37\}$$

计算得到：$a=0.0604\text{mm}^{-1}$，$b=135.9681\text{kN/mm}$，$Q_u=2251.13\text{kN}$。代入式（5-25）得：

$$\hat{S}^{(1)}(k+1)=10.5-16.56\ln\left[\frac{Q^{(1)}(k+1)-2251.13}{-931.13}\right]$$

令 $k=9$，则 $Q^{(1)}(k+1)=Q^{(1)}(10)=2420\text{kN}$，代入上式计算 $\hat{S}^{(1)}(k+1)=\hat{S}^{(1)}(11)$ 时出错，原因是此时的预测荷载 $Q^{(1)}(k+1)=Q^{(1)}(11)=2420\text{kN}$ 已大于桩的极限荷载 $Q_u=2251.13\text{kN}$。因此，取 $Q^{(1)}(k+1)=Q^{(1)}(11)=2200\text{kN}<Q_u=2251.13\text{kN}$ 作为最后的极限承载力，可见，等维新息模型预测的极限荷载与现场试验所确定的极限荷载相同，都是2200kN，说明等维新息模型可靠性较高。最后一组的等维新息模型的预测精度参数为：

$C=\frac{R_1}{R_2}=0.0351<0.35$，且 $T=T\{|\varepsilon(i)-\bar{\varepsilon}|<0.6745R_2\}=1.0$，预测精度为好。

等维新息模型预测的 Q-S 曲线与实测的 Q-S 曲线如图5-14所示。

从图5-14可以看出，除最后一级荷载外，其他荷载曲线吻合较好。如果从最后几级荷载来看，等维新息模型预测曲线陡于与现场实测曲线，最后一级荷载所预测的沉降明显大于现场实测值，该模型所预测的极限荷载所对应的极限沉降值偏大。

三种模型预测极限承载力如表5-6所示，从表中可以看出，与现场实测结果对比，等维新息模型相对误差最小，新息模型和原模型次之，可见，等维新息模型虽步骤较多，但取得的预测精度最高。

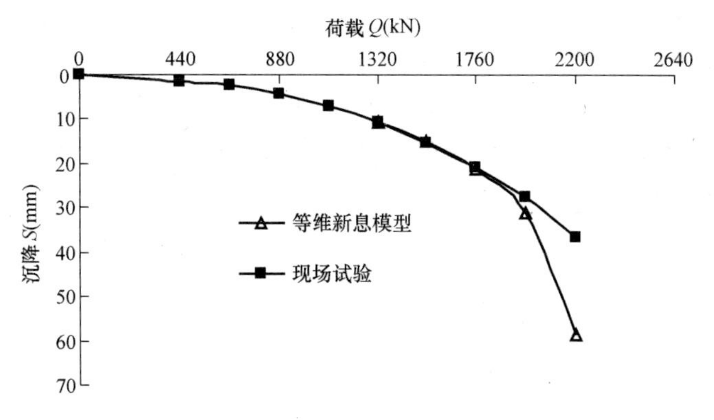

图 5-14　等维新息模型与现场试验荷载-沉降曲线对比

三种模型预测极限承载力对比　　表 5-6

	原模型	新息模型	等维新息模型	现场实测
极限承载力(kN)	2316.04	2291.94	2251.13	2200
相对误差(%)	5.28	4.18	2.32	

5.4.2.2　未达到破坏的工程实例分析

南开大学学生公寓 9 号楼采用的是高喷插芯组合桩[220]，桩长 36m，预应力管桩 ϕ400mm，高压旋喷段直径 600mm，实测各级荷载作用下桩顶沉降如表 5-7 所示，共有 10 组数据。

静载荷试验实测数据　　表 5-7

荷载级别	一	二	三	四	五	六	七	八	九	十
荷载(kN)	460	690	920	1150	1380	1610	1840	2070	2300	2530
累计沉降(mm)	0.33	0.50	0.85	1.39	2.05	2.61	3.26	4.16	5.27	6.43

分别取原始数据列中的五、六、七、八、九、十作为已知数据来预测桩的极限承载力，三种预测模型的计算结果如下：

(1) 原模型

原始数据为：

$Q^{(1)}=\{1380,1610,1840,2070,2300,2530\}$　　$Q^{(0)}=\{230,230,230,230,230\}$

$S^{(1)}=\{2.05,2.61,3.26,4.16,5.27,6.43\}$　　$S^{(0)}=\{0.56,0.65,0.90,1.11,1.16\}$

计算得到发展系数 $a=0.2214\text{mm}^{-1}$，灰作用量 $b=712.5257\text{kN/mm}$，试桩的极限荷载预测值 $Q_u=b/a=3218.3\text{kN}$，代入式 (5-20) 得：

$$\hat{S}^{(1)}(k+1)=2.05-4.517\ln\left[\frac{Q^{(1)}(k+1)-3218.3}{-1838.3}\right]$$

预测沉降计算结果如表 5-8 所示。

$C=\dfrac{R_1}{R_2}=0.0354<0.35$，且 $T=T\{|\varepsilon(i)-\bar{\varepsilon}|<0.6745R_2\}=1.0$，预测精度为好。

(2) 新息模型

根据静载荷试验规则，补充一个数据 $Q^{(1)}(11)=2760\text{kN}$，所对应的位移采用原模型

计算出的位移 $S^{(1)}(11)=8.32\text{mm}$，则 $Q^{(1)}$、$S^{(1)}$ 变为：

$$Q^{(1)}=\{1380,1610,1840,2070,2300,2530,2760\}$$

$$S^{(1)}=\{2.05,2.61,3.26,4.16,5.27,6.43,8.32\}$$

计算得到发展系数 $a=0.2276\text{mm}^{-1}$，灰作用量 $b=724.7347\text{kN/mm}$，试桩的极限荷载预测值 $Q_u=b/a=3184.3\text{kN}$，代入式（5-20）得：

$$\hat{S}^{(1)}(k+1)=2.05-4.394\ln\left[\frac{Q^{(1)}(k+1)-3184.3}{-1804.3}\right]$$

预测沉降计算结果如表 5-8 所示。

$C=\dfrac{R_1}{R_2}=0.0271<0.35$，且 $T=T\ \{|\varepsilon\ (i)-\bar{\varepsilon}|<0.6745R_2\}=1.0$，预测精度为好。

（3）等维新息模型

令 $k=10$，则 $Q^{(1)}(k+1)=Q^{(1)}(11)=2760\text{kN}$，代入新息模型得到：$\hat{S}^{(1)}(k+1)=\hat{S}^{(1)}(11)=8.41\text{mm}$，将 $Q^{(1)}(11)=2760\text{kN}$ 加入原荷载序列，并去除第一级荷载得到新的荷载序列为：

$$Q^{(1)}=\{1610,1840,2070,2300,2530,2760\}$$

将 $\hat{S}^{(1)}$（11）$=8.41\text{mm}$ 加入原沉降序列，并去除第一级沉降得到新的沉降序列为：$S^{(1)}=\{2.61,\ 3.26,\ 4.16,\ 5.27,\ 6.43,\ 8.41\}$

计算得到 $a=0.2240\text{mm}^{-1}$，$b=712.1968\text{kN/mm}$，$Q_u=3179.5\text{kN}$，代入式（5-25）得：

$$\hat{S}^{(1)}(k+1)=2.61-4.464\ln\left[\frac{Q^{(1)}(k+1)-3179.5}{-1569.5}\right]$$

令 $k=10$，则 $Q^{(1)}(k+1)=Q^{(1)}(11)=2990\text{kN}$，得到：$\hat{S}^{(1)}(k+1)=\hat{S}^{(1)}(11)=12.05\text{mm}$，重复上述过程得到新荷载序列和沉降序列为：

$$Q^{(1)}=\{1840,2070,2300,2530,2760,2990\}$$

$$S^{(1)}=\{3.26,4.16,5.27,6.43,8.41,12.05\}$$

计算得到：$a=0.2226\text{mm}^{-1}$，$b=704.6424\text{kN/mm}$，$Q_u=3165.5\text{kN}$。代入式（5-25）得：

$$\hat{S}^{(1)}(k+1)=3.26-4.492\ln\left[\frac{Q^{(1)}(k+1)-3165.5}{-1325.5}\right]$$

令 $k=10$，则 $Q^{(1)}$（$k+1$）$=Q^{(1)}$（11）$=3105\text{kN}$，代入上式计算得：

$$\hat{S}^{(1)}(k+1)=\hat{S}^{(1)}(11)=17.13\text{mm}$$

重复上述过程得到新荷载序列和沉降序列为：

$$Q^{(1)}=\{2070,2300,2530,2760,2990,3105\}$$

$$S^{(1)}=\{4.16,5.27,6.43,8.41,12.05,17.13\}$$

计算得到：$a=0.2355\text{mm}^{-1}$，$b=740.3651\text{kN/mm}$，$Q_u=3143.8\text{kN}$。代入式（5-25）得：

$$\hat{S}^{(1)}(k+1)=4.16-4.246\ln\left[\frac{Q^{(1)}(k+1)-3143.8}{-1073.8}\right]$$

令 $k=10$，则 $Q^{(1)}$（$k+1$）$=Q^{(1)}$（11）$=3220\text{kN}$，代入上式计算 $\hat{S}^{(1)}$（$k+1$）$=\hat{S}^{(1)}$（11）时出错，原因是此时的预测荷载 $Q^{(1)}$（$k+1$）$=Q^{(1)}$（11）$=3220\text{kN}$ 已大于桩的极限

荷载 Q_u＝3143.8kN。因此，取 $Q^{(1)}$（k+1）＝$Q^{(1)}$（11）＝3105kN＜Q_u作为最后的极限荷载。等维新息模型预测的 Q-S 曲线和实测的桩顶 Q-S 曲线如图 5-15 所示。

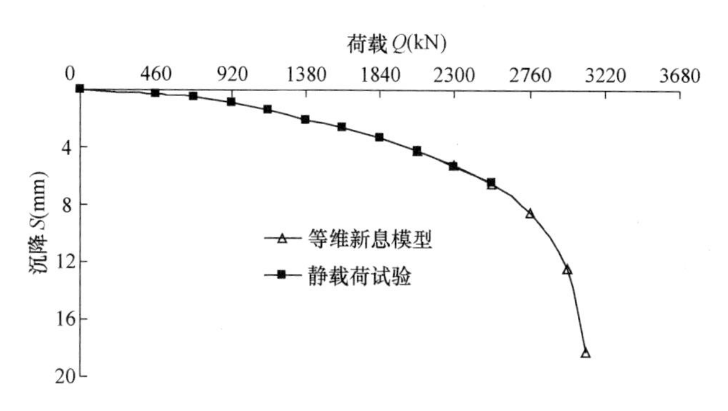

图 5-15 静载荷试验与灰色预测荷载-沉降曲线对比

三种模型对桩顶沉降预测结果对比 **表 5-8**

荷载级别		五	六	七	八	九	十
Q(kN)		1380	1610	1840	2070	2300	2530
S(mm)		2.05	2.61	3.26	4.16	5.27	6.43
原模型	Q	1380	1610	1840	2070	2300	2530
	S′	2.05	2.65	3.35	4.18	5.19	6.49
	e_S	0.00	1.68	2.79	0.37	−1.61	0.89
新息模型	Q	1380	1610	1840	2070	2300	2530
	S′	2.05	2.65	3.34	4.17	5.18	6.51
	$(e)_S$	0.00	1.50	2.55	0.18	-1.64	1.20
等维新息模型	Q	1380	1610	1840	2070	2300	2530
	S′	2.05	2.64	3.33	4.16	5.18	6.53
	e_S	0.00	1.26	2.21	-0.11	-1.74	1.53

注：Q——桩顶荷载（kN）；S——实测沉降（mm）；S′——预测沉降（mm）；e_S——相对误差（%）。

由表 5-8 可以看出，从相对误差前四个数据来看，新息模型小于原模型，等维新息模型小于新息模型，从后两个数据来看，正好相反。以 e_7（表示第六级荷载的相对误差）为例，原模型 2.79，新息模型 2.55，等维新息模型 2.21，从整体上来说等维新息模型精度最高。

表 5-9 是灰色预测和 5.2.1 节所提出的简化公式计算结果的对比分析。从与简化公式计算结果的相对误差可以看出，等维新息模型预测结果相对误差最小，这又一次证实了等维信息模型精度最高。

不同预测方法得出的极限荷载对比 **表 5-9**

预测方法	灰色预测			计算公式
	原模型	新息模型	等维新息模型	
极限荷载(kN)	3218.3	3184.3	3143.8	2827
相对误差	13.8%	12.6%	11.2%	—

5.4.2.3 其他未达到破坏的工程实例

天津开发区第八大街蓝领公寓工程1号楼[221]采用的是高喷插芯组合桩，芯桩采用PHC400（80）A型预应力管桩，高喷段直径600mm，采用强度等级为32.5级的矿渣水泥，掺灰量20%，水灰比1∶1，设计桩长23.0m。实测各级荷载作用下桩顶沉降如表5-10所示。共有9组数据，分别取原始数据列中的五、六、七、八、九作为已知数据来预测桩的极限承载力，等维新息模型预测的*Q-S*曲线和实测桩顶*Q-S*曲线如图5-16所示。

静载荷试验实测值 表5-10

荷载级别	一	二	三	四	五	六	七	八	九
荷载(kN)	320	480	640	800	960	1120	1280	1440	1600
累计沉降(mm)	1.01	1.58	2.27	3.13	4.27	5.58	7.17	9.05	11.39

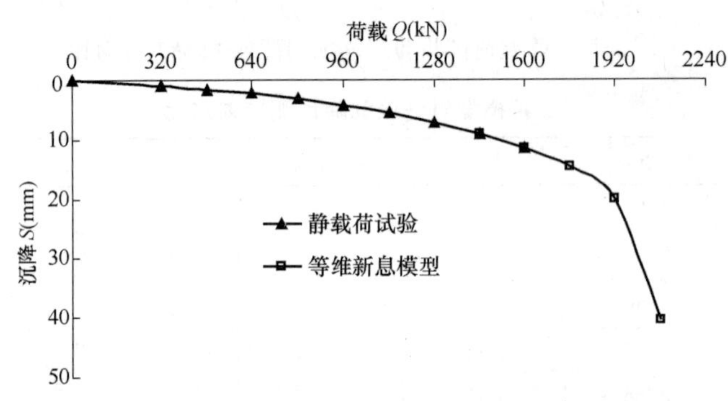

图5-16 静载荷试验和等维新息模型荷载-沉降曲线对比

从图5-16可以看出，等维新息模型预测曲线与静载荷试验数据吻合较好，预测曲线属于陡降型，极限承载力为1920kN。按简化公式计算出的极限承载力为1870kN，等维新息模型计算出的结果与其相比提高2.67%。

$C=\frac{R_1}{R_2}=0.0204<0.35$，且 $T=T\{|\varepsilon(i)-\bar{\varepsilon}|<0.6745R_2\}=1.0$，预测精度为好。

唐山篮欣玻璃有限公司在线镀膜生产线一期工程——原料车间[222]采用的是高喷插芯组合桩，管桩桩径400mm，高喷段直径650mm，设计桩长35.0m。实测各级荷载作用下桩顶沉降如表5-11所示。共有9组数据，分别取原始数据列中的五、六、七、八、九作为已知数据来预测桩的极限承载力，等维新息模型预测的*Q-S*曲线和实测的桩顶*Q-S*曲线如图5-17所示。

静载荷试验实测数据 表5-11

荷载级别	一	二	三	四	五	六	七	八	九
荷载(kN)	400	600	800	1000	1200	1400	1600	1800	2000
累计沉降(mm)	1.58	2.65	3.92	5.25	6.64	8.02	9.50	11.21	13.21

从图5-17可以看出，等维新息模型预测曲线与静载荷试验数据吻合较好，预测曲线属于陡降型，极限承载力为2800kN。按简化公式计算出的极限承载力为2513kN，等维新息模型计算出的结果与其相比提高11.4%。

$C=\frac{R_1}{R_2}=0.0200<0.35$，且 $T=T\{|\varepsilon(i)-\bar{\varepsilon}|<0.6745R_2\}=1.0$，预测精度为好。

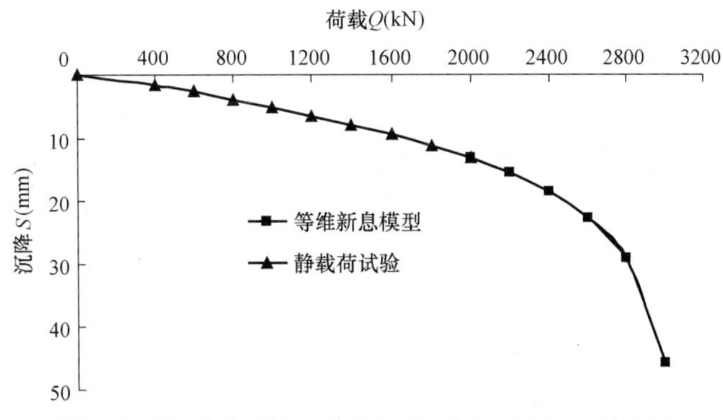

图 5-17　静载荷试验和等维新息模型荷载-沉降曲线对比

5.5　本章小结

结合 JPP 桩本身的结构特点，提出了一种承载力的简化计算公式，并结合工程实例验证了其合理性。结合模型槽试验，对影响承载力的各种因素进行了 FLAC^{3D}数值模拟分析，最后对 JPP 桩极限承载力进行了灰色预测，得出如下主要结论：

（1）旋喷桩水泥土弹性模量不宜小于 300MPa，相应地水泥土无侧限抗压强度也不宜小于 1.5MPa，这样可使水泥土有足够的粘结强度来保证水泥土与芯桩协调变形，不至于正常荷载作用下高压旋喷桩水泥土和芯桩产生脱离。这样就可以保证荷载通过水泥土的过渡从芯桩传到土体中，形成强、中、弱的渐变过程，从而构成一种中间强度高外围强度低的合理的荷载传递桩体结构。

（2）从模拟结果、工程实际以及安全角度综合考虑，水泥土厚度不宜小于 100mm 但也不宜大于芯桩半径，在这种条件下极限内摩阻力不宜小于两倍的极限外摩阻力。

（3）固底组合可以有效提高承载力，但工程施工中有一定的难度，实际工程施工中常用下组合形式，并且由于高压旋喷直径不尽相同，形成葫芦状的粗糙侧表面，这就是为什么 JPP 桩可以提供较高承载力的原因所在。

（4）依据灰色系统理论，介绍了单桩 *Q*-S 曲线的非等步长 GM（1，1）模型，对数据不同的取舍建立了三种不同的灰色计算模型，通过对达到破坏的工程实例的分析可知，三种计算模型都可以很好地预测 JPP 桩单桩极限承载力，具有需求的样本数据少、建模过程简单、预测结果精度高的优点，其中等维新息模型虽步骤较多，但预测精度最高，可以较为准确地预测极限承载力。

（5）通过对三个未达到破坏的工程实例的进一步验证说明，等维新息模型的预测曲线与静载荷试验曲线吻合较好，并且可以有效的预测未达到破坏的单桩极限承载力。另外，对三种灰色模型预测沉降的相对误差整体上作对比分析可知，等维新息模型相对误差小，预测曲线与现场试验曲线吻合较好。这说明，随着系统的发展，旧数据在系统中的作用减弱，新数据在系统中的作用加强，其更能体现系统的现时特征。

（6）对于承载力较高的 JPP 桩，由于多方面的原因，现场静载荷试验很难做到破坏，因此，根据有限的实测数据，利用等维新息模型预测高喷插芯组合桩的极限承载力，可以节约相当可观的试验经费，为工程中确定极限承载力提供有益的参考。

第6章　高喷插芯组合桩竖向承载特性的变分法分析

对于竖向受荷群桩的沉降分析已有很多成熟的理论结果，包括 Butterfield 边界单元法[145]、Poulos 相互作用系数方法[123,223]、Randolph 剪切位移法[110]和 Chow 混合法[224]等。上述各种方法中，运算量最小的是 Randolph 法，但该方法仅对刚性桩是准确的，非刚性桩分析中采用了一些近似处理。Chow 法、Poulos 法、Butterfield 法运算量依次增大。Shen 基于有限项幂函数级数的位移函数运用变分原理对竖向荷载作用下的群桩基础进行了分析[153,154]。基于变分理论的方法不需要桩单元的划分，且能准确考虑土体模量随深度线性增加的情况，分析精度较高。

高喷插芯组合桩是一种复合材料桩，同一截面上由芯桩和水泥土两种不同材料组成，不同于一般的单一材料桩。以上提到的分析方法针对单一材料桩比较适合，但不能考虑复合材料桩这个特性，不能结合桩本身的特点进行分析。变分法可以分析复合材料桩，其能量方程中的桩本身的应变能可以考虑复合材料桩这个特性，所以适合分析像高喷插芯组合桩这样的复合材料桩。本章在 Shen 方法基础上结合 JPP 桩自身构造特点提出了 JPP 桩这一复合材料桩显示变分简化解答，并对影响等效刚度的主要因素进行了分析，对进一步掌握 JPP 桩的荷载传递及竖向承载特性有一定的理论意义。

6.1　群桩的变分理论

6.1.1　群桩变分分析

根据变分原理，任意群桩基础的总势能为：

$$\pi_p=\sum_{i=1}^{n_p}\frac{1}{2}\iiint_V E_p\left(\frac{\partial w_{zi}}{\partial z}\right)^2 dv+\frac{1}{2}\iint_S\{\tau_z\}^T\{w_z\}ds+\frac{1}{2}\iint_A\{\sigma_b\}^T\{w_b\}dA-\{w_t\}^T\{P_t\}\tag{6-1}$$

式中　n_p——群桩中桩的数量；

V——单桩的体积；

S——单桩的桩侧表面积；

A——桩的横截面面积；

E_p——桩体的弹性模量；

$\{\tau_z\}$——桩土界面深度 z 处剪切应力矩阵，$\{\tau_z\}=\{\tau_{z1},\tau_{z2},\cdots,\tau_{znp}\}^T$；

$\{w_z\}$——桩体深度 z 处的位移矩阵，$\{w_z\}=\{w_{z1},w_{z2},\cdots,w_{znp}\}^T$；

$\{\sigma_b\}$——桩端处应力矩阵，$\{\sigma_b\}=\{\sigma_{b1},\sigma_{b2},\cdots,\sigma_{bnp}\}^T$；

$\{w_b\}$——桩端处位移矩阵，$\{w_b\}=\{w_{b1},w_{b2},\cdots,w_{bnp}\}^T$；

$\{P_t\}$——桩顶处的外荷载矩阵，$\{P_t\}=\{P_{t1},P_{t2},\cdots,P_{tnp}\}^T$；

$\{w_t\}$——桩顶处的位移矩阵，$\{w_t\}=\{w_{t1},w_{t2},\cdots,w_{tnp}\}^T$。

式（6-1）中第一项表示群桩桩体的弹性应变能，第二项表示桩侧摩阻力作的功，第三项表示桩端阻力作的功，第四项表示作用在桩顶的竖向荷载所作的功。

根据桩土的位移协调条件，式（6-1）中 $\{\tau_z\}$ 和 $\{w_z\}$，$\{\sigma_b\}$ 和 $\{w_b\}$ 的关系可以通过土体模型的分析来确定，根据 Randolph（1979）的分析结果，可以得出以下关系：

$$\{\tau_z\}=[k]\{w_z\} \tag{6-2}$$

$$\{\sigma_b\}=[k_b]\{w_b\} \tag{6-3}$$

式中 $[k]$——深度处桩周土的刚度矩阵；

$[k_b]$——桩端土的刚度矩阵。

由式（6-2）和式（6-3），式（6-1）可表示为：

$$\pi_p=\sum_{i=1}^{n_p}\frac{1}{2}\iiint_V E_p\left(\frac{\partial w_{zi}}{\partial z}\right)^2 dv+\frac{1}{2}\iint_S\{w_z\}^T[k]\{w_z\}ds+\frac{1}{2}\iint_A\{w_b\}^T[k_b]\{w_b\}dA-\{w_t\}^T\{P_t\} \tag{6-4}$$

对于弹性连续体平衡系统，根据最小势能原理有以下关系成立：

$$\delta\pi_p=0 \tag{6-5}$$

由式（6-4）可以看出，求解变分方程的关键在于求解位移向量 $\{w\}$。为了将变分原理应用于群桩变形分析就有必要建立各桩的位移函数。根据桩在不同深度位移的特点，位移函数可由以下级数表示：

$$w_i(z)=\sum_{j=1}^{k}\beta_{ij}\left(1-\frac{z}{l}\right)^{j-1}\quad(i=1,2,\cdots,np) \tag{6-6}$$

式中 z——距桩顶的距离；

l——桩长；

β_{ij}——待定系数。

根据最小势能原理，有：

$$\frac{\delta\pi_p}{\delta\beta_{ij}}=0 \tag{6-7}$$

则由式（6-4）可以得出：

$$\sum_{i=1}^{n_p}\iiint_V E_p\frac{\partial w_{zi}}{\partial z}\left[\frac{\partial\left(\frac{\partial w_{zi}}{\partial z}\right)}{\partial\beta_{ij}}\right]dv+\iint_S\left\{\frac{\partial w_z}{\partial\beta_{ij}}\right\}^T[k]\{w_z\}ds+\iint_A\left\{\frac{\partial w_b}{\partial\beta_{ij}}\right\}^T[k_b]\{w_b\}dA=\left\{\frac{\partial w_t}{\partial\beta_{ij}}\right\}^T\{P_t\} \tag{6-8}$$

6.1.2 土体荷载位移函数

Randolph（1979年）认为桩周土体的剪切应力和位移存在如下关系：

$$\{w_z\}=\frac{1}{G_z}[F]\{\tau\} \tag{6-9}$$

式中 G_z——任意深度 z 处土体剪变模量；

$[F]$——土体的柔度矩阵，该矩阵中各项为：

$$f_{ij}=r_0\ln\left(\frac{r_m}{r}\right)\quad(i=1,2,\cdots,n_p)\quad(j=1,2,\cdots,n_p) \tag{6-10}$$

当 $i=j$ 时，$r=r_0$

当 $i\neq j$ 时，$r=s_{ij}$

式中　r_0——桩半径；

s_{ij}——i 桩和 j 桩轴线之间的距离，r_m 由下式确定：

$$r_m = 2.5\rho L(1-\nu) \tag{6-11}$$

式中　ρ——土体的不均匀系数，等于桩中间处土体剪变模量与桩端处土体剪变模量的比值；

L——桩长度；

ν——土体的泊松比。

Randolph（1979 年）认为桩端土与桩端沉降存在如下关系：

$$\{w_b\} = \frac{1}{G_l}[F_b]\{\sigma\} \tag{6-12}$$

式中　G_l——桩端处土体的剪变模量；

$[F_b]$——桩端土体的柔度矩阵，该矩阵中各项为：

当 $i=j$ 时，$f_{bii} = \frac{1-\nu}{4r_0}A\ (i=1,2,\cdots,n_p)$　(6-13)

当 $i\neq j$ 时，$f_{bij} = \frac{1-\nu}{2\pi s_{ij}}A\ (i=1,2,\cdots,np)(j=1,2,\cdots,n_p)$　(6-14)

式中　A——桩端截面积；

s_{ij}——i 桩和 j 桩轴线之间的距离；

ν——桩端土体的泊松比；

r_0——桩半径。

结合式（6-2）、式（6-3）和式（6-6）、式（6-9），可得：

$$[k] = G_z[F]^{-1} = G_z[k_{ss}] \tag{6-15}$$

$$[k_b] = G_l[F_b]^{-1} = G_l[k_{bb}] \tag{6-16}$$

6.1.3　变分的矩阵表示

式（6-8）用矩阵表示为：

$$([k_p]+[k_s][A]+[k_{sb}])\{\beta\} = \{P\} \tag{6-17}$$

式中　$\{\beta\} = \{\beta_{11}\beta_{12}\cdots\beta_{1k}\beta_{21}\beta_{22}\cdots\beta_{2k}\cdots\beta_{np1}\beta_{np2}\cdots\beta_{npk}\}^T$，

$\{P\} = \{P_{t1}P_{t1}\cdots P_{t1}P_{t2}P_{t2}\cdots P_{t2}\cdots P_{tnp}P_{tnp}\cdots P_{tnp}\}^T$，$[k_p]$、$[k_s]$和$[k_{sb}]$都是$(n_p\times k)\times(n_p\times k)$矩阵。

式（6-17）也可以表示为：

$$[h]\{\beta\} = \{P\} \tag{6-18}$$

其中，$[h] = [k_p]+[k_s][A]+[k_{sb}]$

式（6-18）通过倒置转换也可以表示为：

$$[h]^{-1}\{P\} = \{\beta\} \tag{6-19}$$

$$[f]\{P\} = \{\beta\} \tag{6-20}$$

其中，$[f] = [h]^{-1}$

由式（6-6）可知桩顶处的位移可以表示为：

$$w_{ti} = \sum_{j=1}^{k}\beta_{ij} \tag{6-21}$$

由式（6-20）和式（6-21），群桩桩顶处的荷载沉降变形关系可以表示为：

$$\{w_t\}=[f_t]\{P_t\} \tag{6-22}$$

式中，$[f_t]$ 是群桩桩顶的柔度矩阵，将式（6-22）转换为刚度矩阵形式：

$$\{P_t\}=[k_t]\{w_t\} \tag{6-23}$$

其中，$[k_t]=[f_t]^{-1}$

6.2 单桩的变分解法

研究表明[225,226]，式（6-6）中 $k=3$ 时来模拟荷载沉降关系时可以满足精度要求，这种情况下，对于单桩矩阵 $[k_p]$、$[k_s]$、$[k_{sb}]$ 和 $[A]$ 可以表示为：

$$[k_p]=\frac{E_p\pi r_0^2}{l}\begin{bmatrix}0 & 0 & 0\\ 0 & 1 & 1\\ 0 & 1 & 4/3\end{bmatrix} \tag{6-24}$$

其中，$k_{pij}=\frac{E_p\pi r_0^2}{l}\frac{(i-1)(j-1)}{i+j-3}\quad(i=1,2,3)(j=1,2,3)$

$$[k_s]=\frac{G_l}{r_0\zeta}\begin{bmatrix}1 & 0 & 0\\ 0 & 1 & 0\\ 0 & 0 & 1\end{bmatrix}\qquad 其中\ \zeta=\ln(r_m/r_0)=\ln(2.5\rho l(1-\upsilon_s)/r_0) \tag{6-25}$$

$$[k_{sb}]=\frac{4r_0G_l}{1-\upsilon_s}\begin{bmatrix}1 & 0 & 0\\ 0 & 0 & 0\\ 0 & 0 & 0\end{bmatrix} \tag{6-26}$$

$$[A]=2\pi r_0 l\begin{bmatrix}\rho & \frac{1}{6}(4\rho-1) & \frac{1}{6}(3\rho-1)\\ \frac{1}{6}(4\rho-1) & \frac{1}{6}(3\rho-1) & \frac{1}{20}(8\rho-3)\\ \frac{1}{6}(3\rho-1) & \frac{1}{20}(8\rho-3) & \frac{1}{15}(5\rho-2)\end{bmatrix} \tag{6-27}$$

其中，$A_{sij}=2\pi r_0 l\left(\frac{1}{i+j-1}+\frac{2(\rho-1)}{i+j}\right),(i=1,2,3)(j=1,2,3)$

式（6-18）中的 $[h]$ 可以表示为：

$$[h]=G_l r_0[H] \tag{6-28}$$

两边求逆得：

$$[h]^{-1}=\frac{1}{G_l r_0}[H]^{-1} \tag{6-29}$$

$$[H]=\begin{bmatrix}\frac{2\pi l\rho}{r_0\zeta}+\frac{4}{1-\nu_s} & \frac{\pi l(4\rho-1)}{3r_0\zeta} & \frac{\pi l(3\rho-1)}{3r_0\zeta}\\ \frac{\pi l(4\rho-1)}{3r_0\zeta} & \frac{\pi r_0\lambda}{l}+\frac{\pi l(3\rho-1)}{3r_0\zeta} & \frac{\pi r_0\lambda}{l}+\frac{\pi l(8\rho-3)}{10r_0\zeta}\\ \frac{\pi l(3\rho-1)}{3r_0\zeta} & \frac{\pi r_0\lambda}{l}+\frac{\pi l(8\rho-3)}{10r_0\zeta} & \frac{4\pi r_0\lambda}{3l}+\frac{2\pi l(5\rho-2)}{15r_0\zeta}\end{bmatrix} \tag{6-30}$$

其中，桩的相对刚度定义为 $\lambda=E_p/G_l$，对于单桩，有：

$$\frac{1}{G_l r_0}[H]^{-1}\{P_t\}=\{\beta\} \tag{6-31}$$

由式（6-22）又可以得出：

$$\frac{1}{G_l r_0} f_t P_t = w_t \tag{6-32}$$

其中，f_t是系数，等于矩阵［H］$^{-1}$中各个元素总和，式（6-32）又可以表示为：

$$\frac{P_t}{G_l r_0 w_t} = f_t^{-1} \tag{6-33}$$

对于刚性单桩，有：

$$[H]^{-1} = \left[\frac{2\pi l \rho}{r_0 \zeta} + \frac{4}{1-\nu_s}\right]^{-1} \tag{6-34}$$

这种情况下，单桩的等效刚度为：

$$\frac{P_t}{G_l r_0 w_t} = \left[\frac{2\pi l \rho}{r_0 \zeta} + \frac{4}{1-\nu_s}\right] \tag{6-35}$$

求解流程如下：先求矩阵［H］，再求［H］$^{-1}$，然后求 f_t，也就是矩阵［H］$^{-1}$中各个元素的总和，最后求 $1/f_t$，即为等效刚度。桩顶荷载已知，带入式（6-31），继而求得 β_1、β_2、β_3的值。

6.3 JPP 桩单桩变分解法

6.3.1 单桩变分矩阵表示

高喷插芯组合桩与一般桩型不同的是，JPP 桩是复合材料桩，有多种组合形式，当全组合时，同一截面上有两种不同的材料，即水泥土和预应力混凝土芯桩。在变分法分析中，与一般材料单一的桩型相比，JPP 桩的不同之处体现在弹性应变能上，其有两种不同弹性模量材料的弹性应变能组成，体现在［k_p］与［H］矩阵上。

芯桩弹性模量 E_1，半径 r_1；旋喷水泥土弹性模量 E_2，JPP 桩半径 r_0；$\lambda_1 = E_1/G_l$，$\lambda_2 = E_2/G_l$；$\eta = r_1^2/r_0$。$[h]=[k_p]+[k_s][A]+[k_{sb}]$，各矩阵的表达式如下（$k=3$）：

$$[k_p] = \left(\frac{E_1 \pi r_1^2}{l} + \frac{E_2 \pi (r_0^2 - r_1^2)}{l}\right) \begin{bmatrix} 0 & 0 & 0 \\ 0 & 1 & 1 \\ 0 & 1 & 4/3 \end{bmatrix} \tag{6-36}$$

$$[k_s] = \frac{G_l}{r_0 \zeta} \begin{bmatrix} 1 & 0 & 0 \\ 0 & 1 & 0 \\ 0 & 0 & 1 \end{bmatrix} \tag{6-37}$$

$$[k_{sb}] = \frac{4 r_0 G_l}{1-\upsilon_s} \begin{bmatrix} 1 & 0 & 0 \\ 0 & 0 & 0 \\ 0 & 0 & 0 \end{bmatrix} \tag{6-38}$$

$$[A] = 2\pi r_0 l \begin{bmatrix} \rho & \frac{1}{6}(4\rho-1) & \frac{1}{6}(3\rho-1) \\ \frac{1}{6}(4\rho-1) & \frac{1}{6}(3\rho-1) & \frac{1}{20}(8\rho-3) \\ \frac{1}{6}(3\rho-1) & \frac{1}{20}(8\rho-3) & \frac{1}{15}(5\rho-2) \end{bmatrix} \tag{6-39}$$

$$[H]=\frac{1}{G_1 r_0}[h]$$

$$=\begin{bmatrix} \frac{2\pi l\rho}{r_0\zeta}+\frac{4}{1-\nu_s} & \frac{\pi l(4\rho-1)}{3r_0\zeta} & \frac{\pi l(3\rho-1)}{3r_0\zeta} \\ \frac{\pi l(4\rho-1)}{3r_0\zeta} & \frac{\pi\lambda_1\eta}{l}+\frac{\pi\lambda_2(r_0-\eta)}{l}+\frac{\pi l(3\rho-1)}{3r_0\zeta} & \frac{\pi\lambda_1\eta}{l}+\frac{\pi\lambda_2(r_0-\eta)}{l}+\frac{\pi l(8\rho-3)}{10r_0\zeta} \\ \frac{\pi l(3\rho-1)}{3r_0\zeta} & \frac{\pi\lambda_1\eta}{l}+\frac{\pi\lambda_2(r_0-\eta)}{l}+\frac{\pi l(8\rho-3)}{10r_0\zeta} & \frac{4}{3}\left(\frac{\pi\lambda_1\eta}{l}+\frac{\pi\lambda_2(r_0-\eta)}{l}\right)+\frac{2\pi l(5\rho-2)}{15r_0\zeta} \end{bmatrix} \tag{6-40}$$

求解过程：先求出矩阵［H］中的各项，然后求矩阵［H］$^{-1}$，然后求［H］$^{-1}$中各个元素的总和 f_t，然后求 f_t的倒数 f_t^{-1}就是等效刚度的值$\left(\frac{P_t}{G_1 r_0 w_t}=f_t^{-1}\right)$。

6.3.2 实例分析

依托河海大学岩土所自行研发的大型桩基模型试验系统，进行了大尺寸高喷插芯组合桩试验，各参数如表 6-1 所示，变分法计算出的等效刚度 $P_t/(G_1 r_0 w_t)$ 以及桩顶和桩底的沉降比 w_t/w_b 如表 6-1 所示。

JPP 桩材料参数及计算结果 **表 6-1**

E_1(MPa)	E_2(MPa)	r_0(m)	r_1(m)	l(m)	ρ	G_1(MPa)	ν_s	$P_t/(G_1 r_0 w_t)$	w_t/w_b
40000	1500	0.25	0.15	5	0.8	4	0.35	36	1.04

试验和变分法得出的荷载沉降曲线如图 6-1 所示，由图可见，在桩顶沉降不大的范围内（不大于 5mm），试验结果表明了桩土相互作用的非线性特点，变分法是一种弹性解，荷载沉降曲线是一条直线，位于试验曲线的下方，变分法计算出的沉降总体上大于试验结果，但荷载沉降曲线总体上看还是比较接近的。模型试验和变分法曲线有一定的差别，这与试验中所采用的桩长较小有关（5m）；桩越长，初期荷载沉降曲线表现的越接近于弹性，变分法计算结果与试验结果越接近。

从表 6-1 可以看出，桩顶和桩底沉降 w_t/w_b 比值较小，JPP 桩有类似于刚性桩的性质。

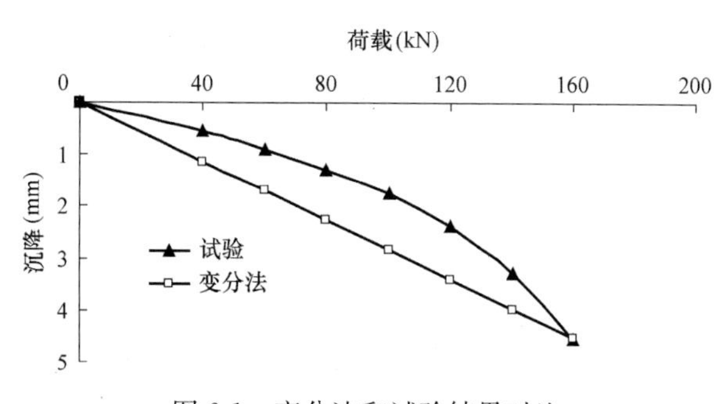

图 6-1　变分法和试验结果对比

随着长径比的变化，等效刚度 $P_t/G_1 r_0 w_t$的变化如图 6-2 所示。由图可以看出，等效刚度与长径比（JPP 桩长度与半径的比值）近似双曲线变化。长径比大于 100 后，等效刚度变化已不大，所以 JPP 桩在实际工程设计时长径比宜控制在 100 范围内。

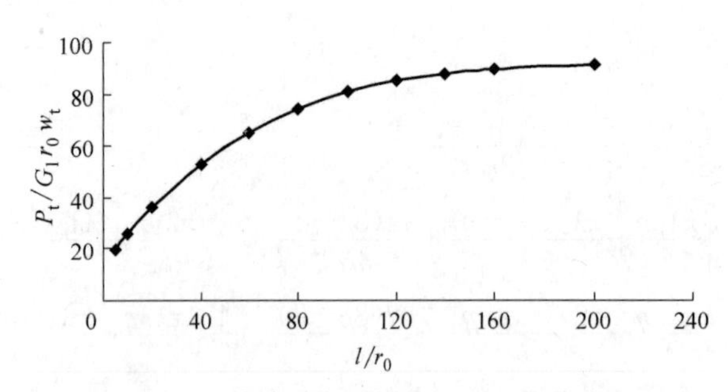

图 6-2 等效刚度随长径比的变化曲线

图 6-3 是桩顶和桩底沉降比随长径比的变化曲线，由图可以看出，随着长径比的增大，桩顶和桩底沉降比也随着变大，特别是长径比大于 100 后。为了防止 JPP 桩本身因强度不足而引起的压裂破坏，JPP 桩长径比宜控制在 100 以内。

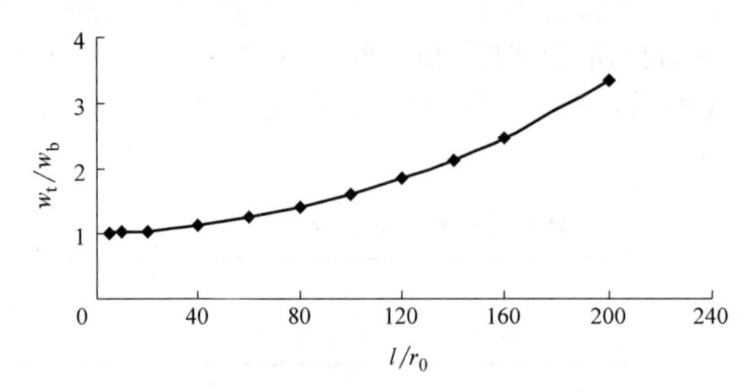

图 6-3 桩顶与桩底沉降比随长径比变化曲线

图 6-4 和图 6-5 是在桩长 20m 和长径比为 80 情况下的曲线图。图 6-4 是水泥土弹性模量不变情况下（1500MPa）等效刚度随芯桩弹性模量改变而变化的曲线，由图可以看出，芯桩弹性模量较小时（小于 40GPa），等效刚度变化较大，芯桩弹性模量大于 40GPa 后，等效刚度变化不大。PHC 管桩作为 JPP 桩芯桩，其桩身强度可以达到 C80 以上（40GPa），这样就可以保证 JPP 桩等效刚度变化较小，起到较好的控制变形的作用。

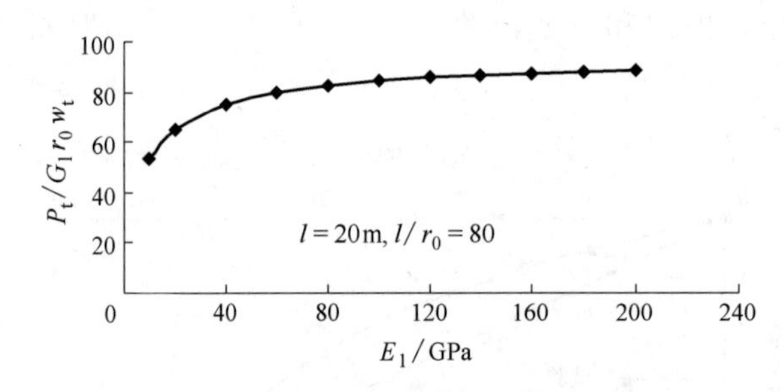

图 6-4 等效刚度随芯桩弹性模量变化曲线

图 6-5 是芯桩弹性模量不变（40GPa）情况下等效刚度随水泥土弹性模量改变而变化的曲线。由图可以看出，几乎是一条直线，也就是说水泥土弹性模量对等效刚度影响较小，这与试验结果和数值模拟结果相一致，这又一次证实了 JPP 桩变形由芯桩控制这一结论。所以从经济角度考虑，水泥土在满足结构构造的基础上，水泥土弹性模量不宜太大。

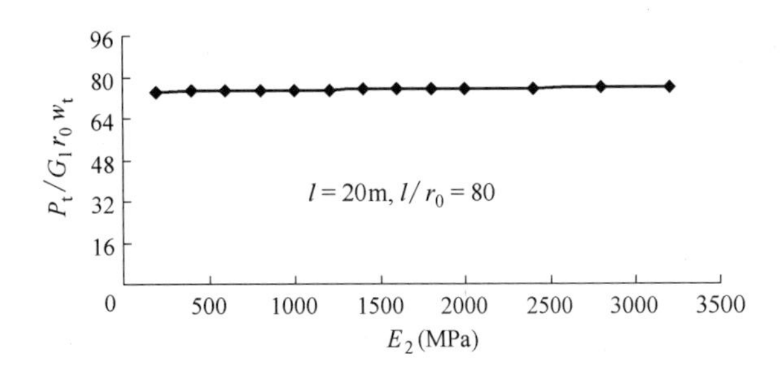

图 6-5　等效刚度随水泥土弹性模量变化曲线

图 6-6 是等效刚度随土体泊松比改变而变化曲线，从图中可以看出，泊松比对等效刚度的影响不是很大，但总体上来看，等效刚度是随着泊松比增加而有所增加。

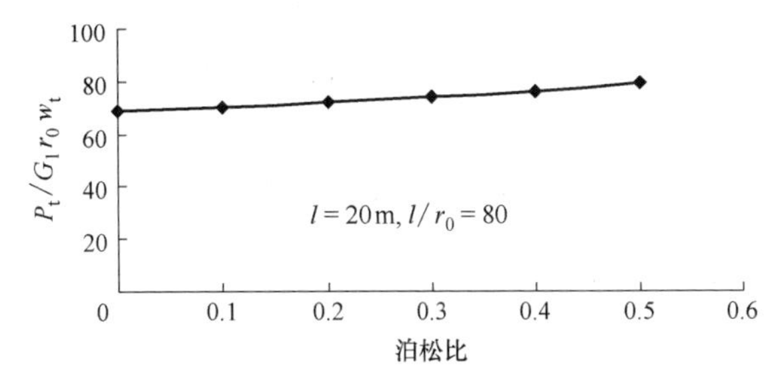

图 6-6　等效刚度随泊松比改变而变化的曲线

图 6-7 是等效刚度随水泥土厚度改变而变化的曲线，总体上来看等效刚度随着水泥土厚度增加而降低，这说明水泥土厚度对等效刚度有一定的影响，对 JPP 桩整体的变形也可以起到一定的作用。从图中仔细分析也可以得出，在水泥土厚度不大于芯桩半径（150mm）时变化较大，等效刚度随着水泥土厚度增加降低明显；水泥土厚度大于芯桩半径后，等效刚度随着水泥土厚度增加也有所降低，但幅度不大。

水泥土厚度的增加提高了桩侧表面积，相应的 JPP 桩侧阻力也增加，承载力增大。为了防止出现水泥土与芯桩脱离的这种破坏模式，芯桩与水泥土界面要有足够的黏聚力，这就要求旋喷水泥土要有足够的强度来保证 JPP 桩的整体工作。由图 6-5 可知，水泥土弹性模量对 JPP 桩变形影响较小，所以综合考虑，水泥土厚度不宜过大，宜控制在芯桩半径之内，以保证 JPP 桩的整体受力性能。

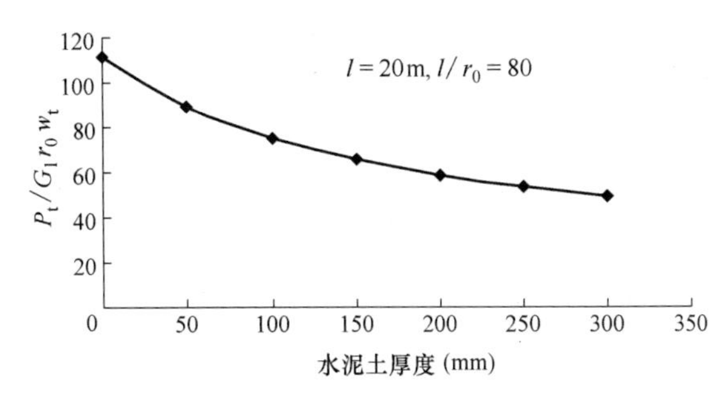

图 6-7　等效刚度随水泥土厚度改变而变化的曲线

图 6-8 是等效刚度随桩端土体剪变模量 G_1 改变而变化的曲线，由图可见，等效刚度随

G_l的增大而减小，并且G_l较小时，等效刚度减小幅度较大，随着G_l的增大，等效刚度减小幅度减缓，逐渐趋于平缓。G_l的增加，就是桩端土体硬度增强，桩端阻力增大，同荷载下JPP桩桩顶竖向位移减小，荷载-沉降曲线斜率减小，表现在等效刚度上就是随着G_l的增加而逐渐降低。

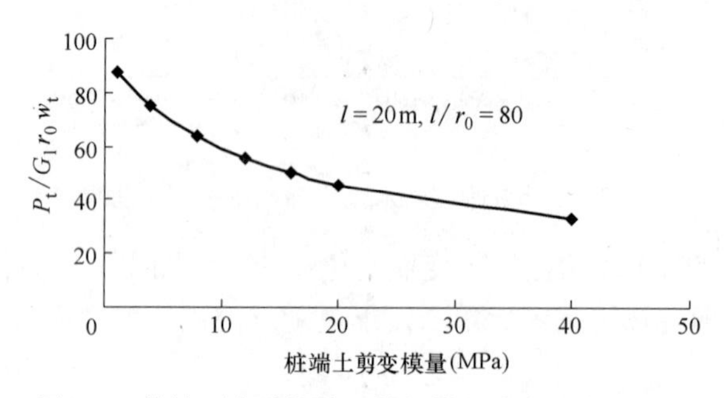

图 6-8 等效刚度随桩端土剪切模量改变而变化曲线

6.4 本章小结

高喷插芯组合桩是一种复合材料桩，同一截面上有两种不同材料组成，不同于一般的单一材料桩。采用最小势能原理得到了JPP桩荷载沉降关系的显式变分解答，得到如下结论：

（1）分析方法与试验结果对比验证了变分法分析JPP桩竖向承载特性的合理性；

（2）对影响等效刚度的主要因素分析得出，JPP桩长径比宜控制在100以内；芯桩弹性模量对等效刚度有一定的影响，但大于40GPa后，影响很小，PHC管桩作为JPP桩芯桩，其桩身强度可以达到C80以上（40GPa），可以保证JPP桩等效刚度变化较小，起到较好的控制变形的作用；

（3）土体泊松比对等效刚度的影响不是很大；水泥土弹性模量对等效刚度影响较小，这也证明了JPP桩变形由芯桩控制这一结论，所以从经济角度考虑，水泥土在满足结构构造的基础上，弹性模量不宜太大。

（4）水泥土厚度不大于芯桩半径时，等效刚度变化较大，随着水泥土厚度增加降低明显，水泥土厚度大于芯桩半径后，等效刚度随着水泥土厚度增加也降低，但变化幅度不大。综合考虑，水泥土厚度不宜大于芯桩半径，以保证JPP桩的整体受力性能。

第7章　高喷插芯组合单桩荷载传递机理简化分析方法

第6章所提出的变分法只适用于弹性范围内，由于只是弹性解答，故不能考虑JPP桩体的整体的受荷过程，也即是弹性、弹塑性、破坏的整过程。本章提出了考虑JPP桩受荷总过程的一种简化计算方法，并对影响JPP桩荷载传递的主要因素进行了分析。

近30年来通过了大量的桩原位试验，模型试验以及理论分析工作，对桩的荷载传递有了进一步的认识，研究方法主要分为弹性理论法、剪切位移法、传递函数法以及数值方法，但无论采用哪种方法来分析JPP桩荷载传递过程，高压旋喷水泥土桩与芯桩界面、水泥土或芯桩与桩周土界面的合理模拟是能否取得合理分析结果的关键因素之一。本章以传递函数法为基础，吸取已有的研究成果[227-229]，结合JPP桩不同的组合特点，采用理想弹塑性模型模拟桩侧土体的非线性，弹性模型模拟水泥土与芯桩界面的荷载传递特性，双折线函数模拟桩端土的硬化特性。基于荷载传递法，考虑了水泥土与芯桩界面摩擦、水泥土或芯桩与桩周土界面摩擦，提出了分析不同组合形式的JPP桩荷载传递的简化计算方法，并与模型试验结果进行了对比，然后采用该方法对JPP桩荷载传递机理及其影响因素进行了分析。

7.1　桩身荷载传递简化分析方法

7.1.1　模型简化及基本假定

JPP桩桩顶施加竖向荷载时，桩顶荷载由水泥土外侧摩阻力、芯桩桩端阻力和水泥土桩端阻力共同承担，JPP桩力学简化模型如图7-1所示。JPP桩简化模型由芯桩模型和水泥土模型组合而成。芯桩受到桩顶荷载P、侧摩阻力τ_c、桩端阻力R_c构成静力平衡。水

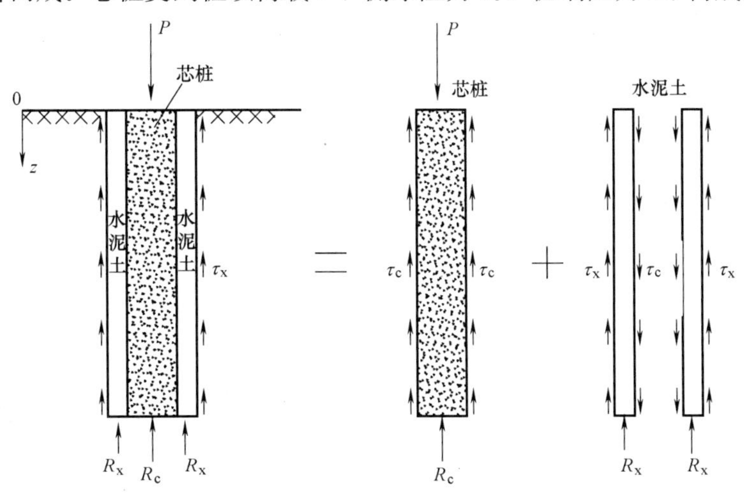

图7-1　高喷插芯组合桩简化受力分析示意图

泥土桩受到由芯桩传递过来的侧摩阻力 τ_c、桩周土的侧摩阻力 τ_x、端阻力 R_x 构成静力平衡。由力学简化分析模型可以看出，芯桩受到的侧摩阻力和水泥土受到的侧摩阻力为作用力和反作用力，大小相等，方向相反。

受力分析时，芯桩和水泥土采用一系列的集中质量块体和线性弹簧模拟，芯桩节点和水泥土节点间通过弹簧与滑块连接，水泥土和桩周土体也通过一系列的弹簧连接。

由第 3 章模型试验可知，桩顶荷载首先由芯桩承担，然后通过水泥土把荷载传递给桩周土，由试验结果知，芯桩和水泥土之间相对位移很小，没有产生明显的滑移，近似变形协调，可见芯桩和水泥土之间粘结性能很好，所以此次计算时芯桩和水泥土界面相互作用采用线性模型，如图 7-2 所示。荷载作用时桩侧即水泥土与桩周土界面首先产生塑性变形和滑移，随着桩顶荷载增大，桩端土也将进入塑性状态。因此桩荷载-沉降曲线的非线性主要是水泥土与桩周土界面上的塑性变形和滑移所造成的。假设芯桩和水泥土为均质等截面弹性杆件，水泥土与桩周土界面采用理想弹塑性荷载传递函数，芯桩桩底、水泥土桩底与桩端土的相互作用采用双折线传递函数，力学模型如图 7-2 所示。芯桩与水泥土之间的界面称为第一界面，水泥土或芯桩与桩周土之间的界面称为第二界面。

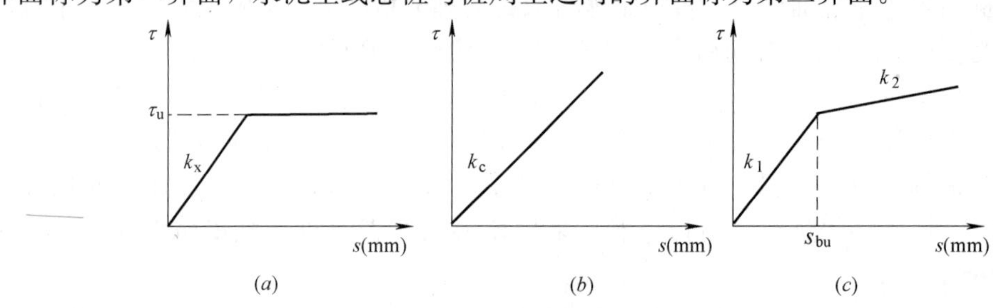

图 7-2 桩侧和桩端荷载传递简化力学模型

（a）第二界面；（b）第一界面；（c）桩端

计算分析时有以下假定：

（1）荷载 P 全部施加在芯桩桩顶上，高压旋喷桩桩顶不承担荷载；

（2）芯桩截面沿深度方向不变，水泥土截面在所有组合段上也沿深度方向不变；

（3）芯桩、水泥土、土均为弹性体；

（4）第一界面为理想弹性模型，第二界面为理想弹塑性模型，芯桩、水泥土端部和桩端土体作用的简化模型为弹性硬化模型，各传递函数见图 7-2；

（5）分析时 z 轴正方向为沿桩身向下，以芯桩桩顶为坐标原点。

7.1.2 JPP 桩荷载传递方程的建立

7.1.2.1 计算单元分析

JPP 桩由芯桩和旋喷水泥土组成，在任意深度处取一段长为 ΔL 的芯桩和水泥土微单元（图 7-3）进行分析。各符号表示意义如下：r_c、r_x 分别为芯桩和水泥土半径，A_c、A_x 分别为芯桩和水泥土横截面面积；u_m、U_m 分别为第 m 段水泥土和芯桩的位移，u_0、U_0 分别为水泥土和芯桩桩顶微段的位移，u_n、U_n 分别为水泥土和芯桩桩底段的位移；k_x 为水泥土或芯桩与桩周土之间的弹簧刚度，k_c 为芯桩与水泥土之间的弹簧刚度；k_1、k_2 为桩端土达到弹性极限前后的弹簧刚度，s_{bu} 为桩底土对应的弹性极限位移。

在芯桩、水泥土、桩周土之间界面达到最大剪应力前，不发生相对位移，因此第一界面和第二界面的摩阻力分别为：

$$Q_{sc}=2\pi r_c \Delta L k_{cm}(U_m-u_m)\leqslant 2\pi r_c \Delta L \tau_{cu} \tag{7-1}$$

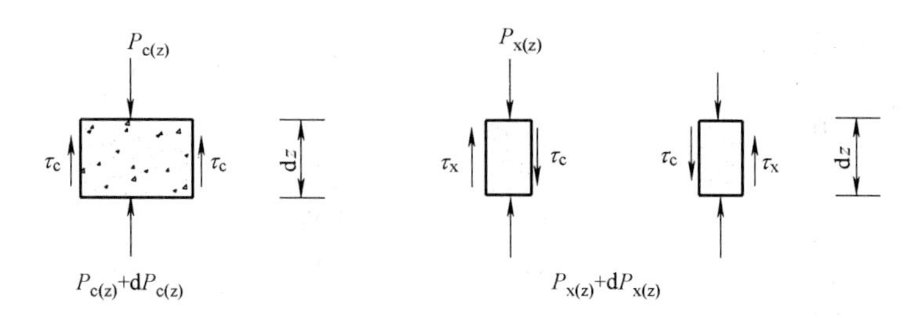

图 7-3 芯桩和水泥土微单元受力分析

$$Q_x = 2\pi r_x \Delta L k_{xm} u_m \leqslant 2\pi r_x \Delta L \tau_{xu} \tag{7-2}$$

式中 τ_{cu}——第一界面摩阻力；

τ_{xu}——第二界面摩阻力；

k_{cm}——m 段第一界面弹簧的刚度系数；

k_{xm}——m 段第二界面弹簧的刚度系数。

芯桩桩端土体和水泥土桩端土体反力分别为：

$$R_c = A_c k_1 U_n \tag{7-3}$$

$$R_x = A_x k_1 u_n \tag{7-4}$$

桩端土体达到弹性极限后桩端土体反力为：

$$R_c = A_c k_2 U_n + A_c (k_1 - k_2) s_{bu} \tag{7-5}$$

$$R_x = A_x k_2 u_n + A_x (k_1 - k_2) s_{bu} \tag{7-6}$$

芯桩桩体第 m 个微分单元的轴力增量 ΔN_m 为：

$$\Delta N_m = B_m (\Delta U_{m-1} - \Delta U_m) \tag{7-7}$$

$$B_m = A_c E_c / \Delta L \tag{7-8}$$

式中 E_c——芯桩桩体弹性模量。

水泥土第 m 个微分单元的轴力增量 ΔN_m 为：

$$\Delta n_m = b_m (\Delta u_{m-1} - \Delta u_m) \tag{7-9}$$

$$b_m = A_x E_x / \Delta L \tag{7-10}$$

式中 E_x——旋喷桩水泥土弹性模量。

7.1.2.2 传递方程建立

JPP 桩常见组合形式如图 7-4 所示，由图可见，不论哪种组合形式，JPP 桩由组合段（水泥土和芯桩）和非组合段（只有芯桩）两部分组成，荷载传递方程也就依这两部分不同情况分别建立。

荷载传递方程建立如下：

芯桩 m 段微分单元平衡方程如下：

组合段：$B_m (\Delta U_{m-1} - \Delta U_m) - B_{m+1} (\Delta U_m - \Delta_{m+1}) = D_m (\Delta U_m - \Delta u_m)$ (7-11)

即：$B_m \Delta U_{m-1} - (B_m + B_{m+1} + D_m) \Delta U_m + D_m \Delta u_m + B_{m+1} \Delta_{m+1} = 0$ (7-12)

式中 $D_m = 2\pi r_c \Delta L k_{cm}$

非组合段：$B_m (\Delta U_{m-1} - \Delta U_m) - B_{m+1} (\Delta U_m - \Delta_{m+1}) = D_m \Delta U_m$ (7-13)

即：$B_m \Delta U_{m-1} - (B_m + B_{m+1} + D_m) \Delta U_m + B_{m+1} \Delta_{m+1} = 0$ (7-14)

其中 $D_m = 2\pi r_c \Delta L k_{xm}$。

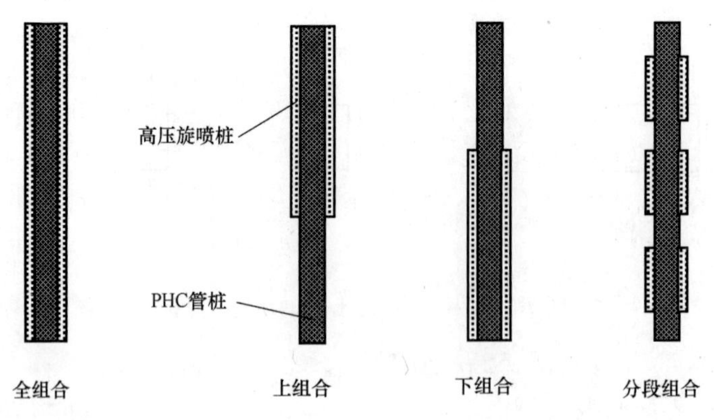

图 7-4 JPP 桩常见组合形式

当 $m=0$ 即芯桩桩顶单元，由芯桩桩顶单元的平衡条件可得：

组合：
$$\Delta P-B_1(\Delta U_0-\Delta U_1)=D_0(\Delta U_0-\Delta u_0) \tag{7-15}$$

即：
$$-(B_1+D_0)\Delta U_0+D_0\Delta u_0+B_1\Delta U_1=-\Delta P \tag{7-16}$$

非组合：
$$\Delta P-B_1(\Delta U_0-\Delta U_1)=D_0\Delta U_0 \tag{7-17}$$

即：
$$-(B_1+D_0)\Delta U_0+B_1\Delta U_1=-\Delta P \tag{7-18}$$

当 $m=n$ 即芯桩桩底单元，由芯桩桩底单元的平衡条件可得：

组合：
$$B_{\rm n}(\Delta U_{\rm n-1}-\Delta U_{\rm n})-D_{\rm c}\Delta U_{\rm n}=D_{\rm n}(\Delta U_{\rm n}-\Delta u_{\rm n}) \tag{7-19}$$

即：
$$B_{\rm n}\Delta U_{\rm n-1}-(B_{\rm n}+D_{\rm n}+D_{\rm c})\Delta U_{\rm n}+D_{\rm n}\Delta u_{\rm n}=0 \tag{7-20}$$

非组合：
$$B_{\rm n}(\Delta U_{\rm n-1}-\Delta U_{\rm n})-D_{\rm c}\Delta U_{\rm n}=D_{\rm n}\Delta U_{\rm n} \tag{7-21}$$

即：
$$B_{\rm n}\Delta U_{\rm n-1}-(B_{\rm n}+D_{\rm n}+D_{\rm c})\Delta U_{\rm n}=0 \tag{7-22}$$

其中 $D_c=A_ck$，k 取桩端土体达到弹性极限前后对应的弹簧刚度 k_1、k_2；ΔP 为芯桩桩顶荷载增量。

JPP 桩组合段旋喷水泥土桩第 m 段微分单元的平衡方程如下：

$$b_{\rm m}(\Delta u_{\rm m-1}-\Delta u_{\rm m})-b_{\rm m+1}(\Delta u_{\rm m}-\Delta u_{\rm m+1})=d_{\rm m}\Delta u_{\rm m}-D_{\rm m}(\Delta U_{\rm m}-\Delta u_{\rm m}) \tag{7-23}$$

$$b_{\rm m}\Delta u_{\rm m-1}+D_{\rm m}\Delta U_{\rm m}-(b_{\rm m}+b_{\rm m+1}+d_{\rm m}+D_{\rm m})\Delta u_{\rm m}+b_{\rm m+1}\Delta u_{\rm m+1}=0 \tag{7-24}$$

其中 $d_{\rm m}=2\pi r_{\rm x}\Delta Lk_{\rm xm}$

当 $m=0$（全组合或上组合）即旋喷水泥土桩桩顶，由水泥土桩顶单元平衡条件可得：

$$D_0(\Delta U_0-\Delta u_0)-d_0\Delta u_0=b_1(\Delta u_0-\Delta u_1) \tag{7-25}$$

即：
$$D_0\Delta U_0-(b_1+d_0+D_0)\Delta u_0+b_1\Delta u_1=0 \tag{7-26}$$

当 JPP 桩组合形式为下组合或分段组合情况下，相应水泥土桩顶截面编号不为 0，根据具体情况指定其编号，分段组合情况下每段都有水泥土桩顶编号。

当 $m=n$（全组合或下组合）即旋喷水泥土桩桩底单元，由水泥土桩底单元的平衡条件可得：

$$b_{\rm n}(\Delta u_{\rm n-1}-\Delta u_{\rm n})-d_{\rm x}\Delta u_{\rm n}=d_{\rm n}\Delta u_{\rm n}-D_{\rm n}(\Delta U_{\rm n}-\Delta u_{\rm n}) \tag{7-27}$$

即：
$$b_{\rm n}\Delta u_{\rm n-1}+D_{\rm n}\Delta U_{\rm n}-(b_{\rm n}+d_{\rm n}+D_{\rm n}+d_{\rm x})\Delta u_{\rm n}=0 \tag{7-28}$$

其中 $d_{\rm x}=A_{\rm x}k$，k 取桩端土体达到弹性极限前后对应的弹簧刚度 k_1、k_2。

当 JPP 桩组合形式为上组合或分段组合时，相应水泥土桩底编号不为 n，根据具体情况指定其编号，分段组合时每段水泥土桩端都有其编号。

将式（7-10）～式(7-27）联合可得 JPP 桩的荷载传递方程：

$$\{K\}\{\Delta U\}=\{\Delta F\} \tag{7-29}$$

其中$\{K\}$为 $2(n+1)\times2(n+1)$（全组合）、$(n+n_1+2)\times(n+n_1+2)$（上组合或下组合）、$(n+1+N\times(n_2+1))\times[n+1+N\times(n_2+1)]$（分段组合）的对称系数矩阵，$n$ 表示芯桩所分段数，n_1 代表水泥土所分段数，N 代表分段组合时水泥土的段数，n_2 代表分段组合时每段水泥土所分段数。

$$\{\Delta U\}^{\mathrm{T}}=\{\Delta U_0,\Delta u_0,\Delta U_1,\Delta u_1,\Delta U_2,\Delta u_2,\cdots,\cdots,\Delta U_{\mathrm{n}},\Delta u_{\mathrm{n}}\} \tag{7-30}$$

$$\{\Delta F\}^{T}=\{\Delta P,0,0,0,\cdots,0\} \tag{7-31}$$

非组合段相应水泥土段位移 Δu_{m} 从矩阵 $\{\Delta U\}$ 剔除，当节点上的剪应力达到极限摩阻力时，相应的刚度为 0，以此来模拟桩土间的滑移或刺入变形。端阻力达到弹性极限前后，选取相应的弹簧刚度 k_1、k_2 来模拟桩端土的硬化特性。

7.1.2.3 迭代求解

本章说提出的计算方法是一种简化计算方法，计算中采用迭代法求解，就是计算出的总荷载与所施加的荷载的差值与所加荷载的比值小于一个百分比，如果不小于这个百分比，就进行迭代求解，直到小于这个百分比，然后进行下一步计算。对于剪应力达到极限摩阻力或端阻力达到极限端阻力的节点，在随后的荷载步中将相应的刚度取为 0，以此来模拟桩土界面变形的非线性。对于给定的荷载增量 ΔP，由方程组（7-29）中解出位移增量，进而可以求出芯桩轴力、旋喷水泥土轴力、第一界面摩阻力、第二界面摩阻力沿桩身的分布。具体步骤如下：

1）将芯桩划分成 n 个单元，每段长 ΔL（$\Delta L=L/n$），水泥土每段长也按 ΔL 划分；将荷载 P 分为 M 级，$\Delta P = P/\mathrm{M}$，荷载步序号 $i=1$；当加载快达到极限荷载时（桩侧弹簧刚度基本为零），改变加载速率，以 $0.5\Delta P$ 的速率加载，加 K 级，以防止所加荷载过大而产生的突然破坏，从而更准确地确定 JPP 桩的极限荷载；

2）由式（7-8）、(7-10)、(7-12)、(7-14)、(7-24)、(7-22)、(7-28）确定 B_{m}、b_{m}、D_{m}、d_{m}、d_{x}、D_{c}；

3）按式（7-29）形成 $\{K\}$；

4）求解方程组（7-29)，得到在第 i 个增量荷载 ΔP 作用下的各个芯桩节点的增量位移、各个水泥土节点上的增量位移；

5）由式（7-1）求得第一界面剪应力增量；由式（7-2）求得第二界面剪应力增量；由式（7-7）求得芯桩各个单元的轴力增量；由（7-9）求得水泥土各个单元的轴力增量；

6）若节点上的剪应力达到极限摩阻力时相应的刚度取为 0；

7）桩端土达到弹性极限前后的弹簧刚度 k 取桩端土体达到弹性极限前后对应的弹簧刚度 k_1、k_2；

8）$i = i+1$，如果 $i\leqslant M+K$，则转向下一荷载步，否则结束整个计算过程。

7.2 实例验证

第 3 章的模型试验是采用的全组合形式，由试验结果得出各土层桩侧摩阻力和桩端阻力发挥情况如图 7-5 和图 7-6 所示，根据这两个图可以得出解析分析中所采用的计算参数，如表 7-1 所示。

简化计算分析中采用的计算参数 **表 7-1**

层名	层厚 (m)	K_c (kPa/mm)	K_x (kPa/mm)	K_1 (kPa/mm)	K_2 (kPa/mm)	极限摩阻力 (kN)	桩端极限位移 (mm)
黏土	3	778	3.89	—	—	19.79	—
砂土	3.5	1434	7.17	72.53	7.15	37.70	2

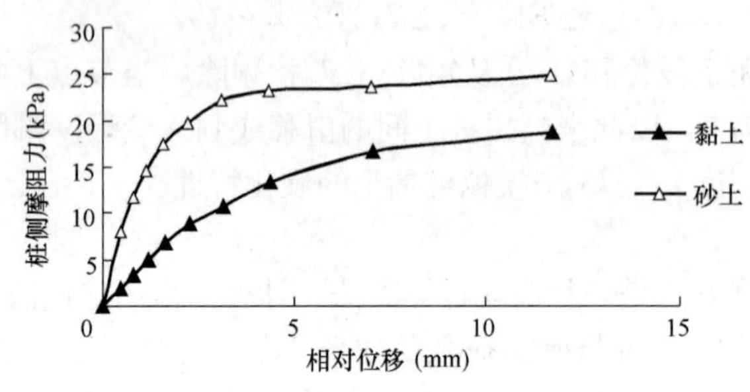

图 7-5 桩侧摩阻力试验结果

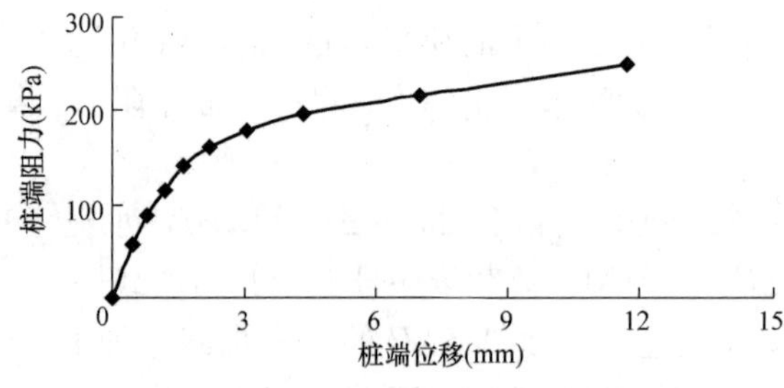

图 7-6 桩端阻力试验结果

JPP 桩参数：桩长 $L=5$m，桩体半径 $r_c=0.15$m，$r_x=0.25$m，芯桩弹性模量 $E_c=38$GPa，黏土水泥土 $E_c=901$MPa，砂土水泥土 $E_c=2191$MPa。

根据上述计算参数，利用简化计算方法对模型试验结果进行了分析，计算和试验结果的荷载-沉降曲线如图 7-7 所示，芯桩轴力随荷载的增加沿桩身分布计算和实测结果如图 7-8 所示。由这些图的对比结果可以看出，计算值与实测值大体规律是一致的，两种方法确定的极限承载力 200kN 是相同的，证明了上述所推导的简化计算方法分析 JPP 桩荷载传递机理是正确的、可靠的。

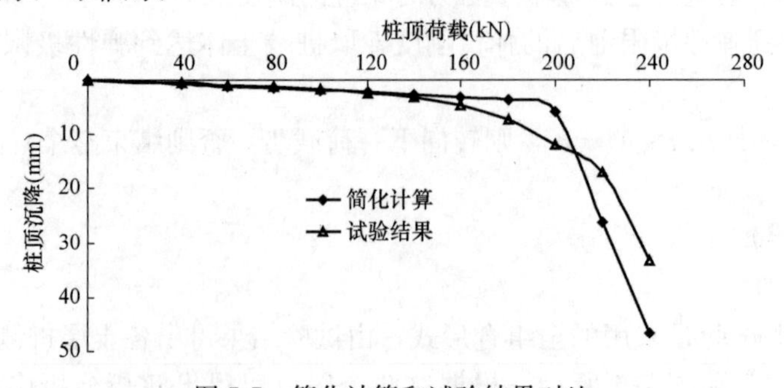

图 7-7 简化计算和试验结果对比

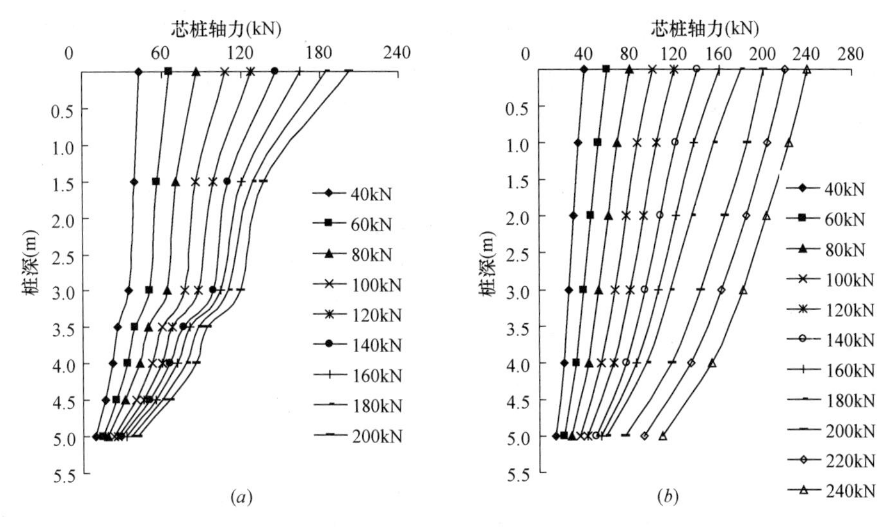

图 7-8 芯桩轴力对比

(*a*) 试验结果；(*b*) 计算结果

7.3 JPP 桩荷载传递影响因素分析

影响桩的荷载-沉降曲线的参数主要包括：不同组合形式、桩长、旋喷水泥土弹性模量 E_x、旋喷水泥土厚度 h、芯桩与水泥土之间的弹簧刚度 k_c、水泥土或芯桩与桩周土体之间的弹簧刚度 k_x、芯桩与底部土体之间的弹簧刚度和水泥土与底部土体之间的弹簧刚度 k_1、k_2 等。本节对主要影响因素进行了分析。

极限摩阻力 τ_u 采用由 Chandler 提出的 β 法确定，表达式为：

$$\tau_u=\sigma_h'\tan\delta=K_h\sigma_v'\tan\delta=\beta\sigma_v' \tag{7-32}$$

式中 σ_h'——水平有效应力；

σ_v'——上覆有效应力；

δ——界面摩擦角，可取为土体的有效内摩擦角 φ' 的 0.6～0.7 倍；

K_h——成桩后的水平应力系数，与桩类型，施工工艺等因素，可参考 K_0 取值，$K_0=\mu/(1-\mu)$；

假设典型桩：桩长 $L=20$m，芯桩半径 $r_c=0.2$m，水泥土半径 $r_x=0.3$m；芯桩弹性模量 $E_c=38$GPa，高压旋喷水泥土弹性模量 $E_x=900$MPa；按 β 法确定极限摩阻力，土体 $\gamma'=15\text{kN/m}^3$，$\varphi'=15°$，$K_0=0.5$；芯桩与水泥土之间（第一界面）弹簧刚度 $k_c=1000$kPa/mm，水泥土或芯桩与桩周土之间（第二界面）弹簧刚度 $k_x=10$kPa/mm；桩端土对应的弹性极限位移 $s_u=6$mm，桩端土达到弹性极限前后的弹簧刚度分别为 $k_1=50$kPa/mm，$k_2=5$kPa/mm。

7.3.1 不同组合形式

主要分析了图 7-4 所示的 4 种常见的组合形式，为了便于对比分析，非全组合形式水泥土长 12m，分段组合形式分 3 段，每段长 4m，每段间隔 2m。图 7-9 是不同组合形式下荷载-沉降曲线比较，由图可见，上组合极限承载力为 800kN，其他三种极限承载力为 900kN。下组合曲线在全组合、分段组合曲线下部，全组合和分段组合曲线最接近，分段组合沉降偏小，并且极限荷载特别是 1000kN 作用下，分段组合形式下沉降最小。可见，从承载力、沉降控制、经济角度综合考虑，分段组合承载效果最好，实际工程施工中 JPP 桩宜采用分段组合形式。

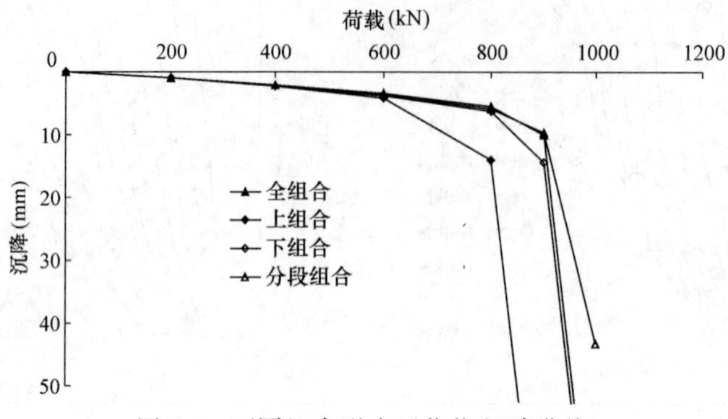

图 7-9　不同组合形式下荷载-沉降曲线

图 7-10 为四种不同组合形式下芯桩轴力分布图。由图可见，四种不同组合形式下芯

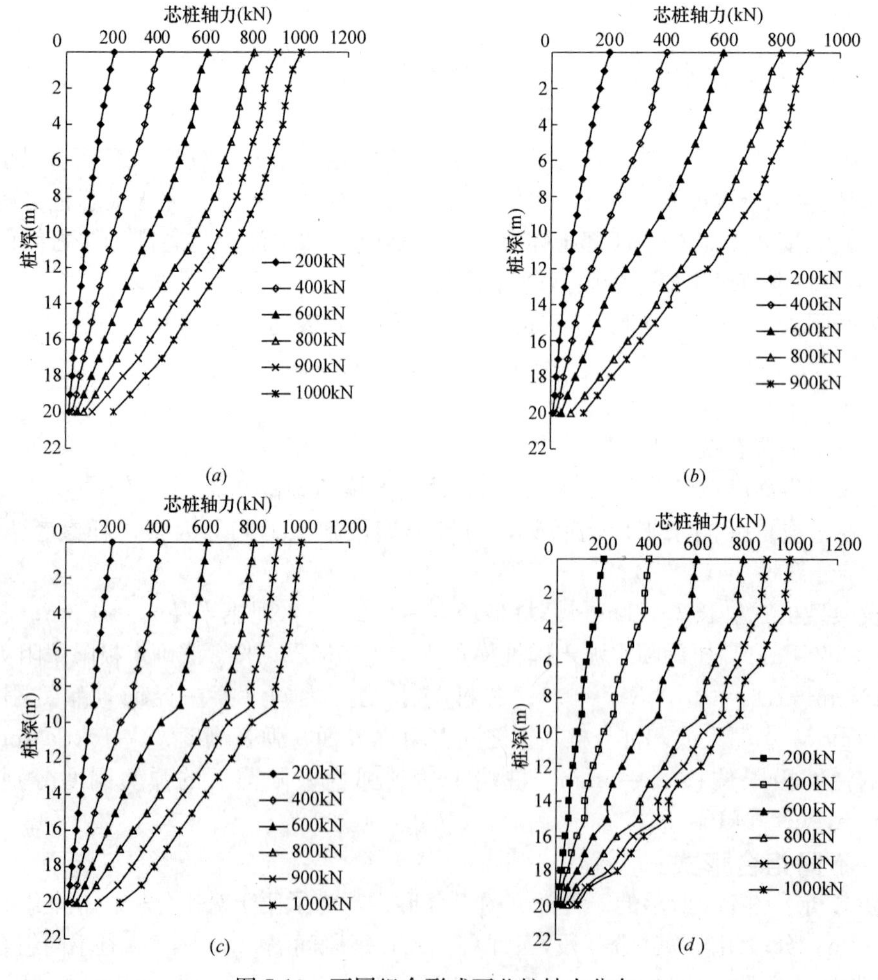

图 7-10　不同组合形式下芯桩轴力分布

(*a*) 全组合；(*b*) 上组合；(*c*) 下组合；(*d*) 分段组合

桩轴力上大下小的总体趋势是一致的，到达极限荷载后，曲线近似平行分布，组合段的曲线斜率稍大于非组合段的曲线斜率，在组合段和非组合段交接处轴力有较小的突变。这是因为，与非组合段相比，组合段所提供的桩侧摩阻力较大，芯桩轴力曲线上表现为曲线斜率偏大，组合段和非组合段交接处轴力变化明显。

图 7-11 是四种组合形式下水泥土轴力分布图。由图可见，在极限荷载之前，水泥土轴力基本随桩身逐步减小，水泥土底部单元轴力增加不是很明显，但极限荷载后，底部单元轴力迅速增加，上组合和分段组合形式情况下底部单元轴力甚至高于顶部单元轴力，这反映了桩侧摩阻力已达到极限，增加的荷载全部由桩端承担，桩端阻力反作用于水泥土底部单元，导致底部单元轴力突增。

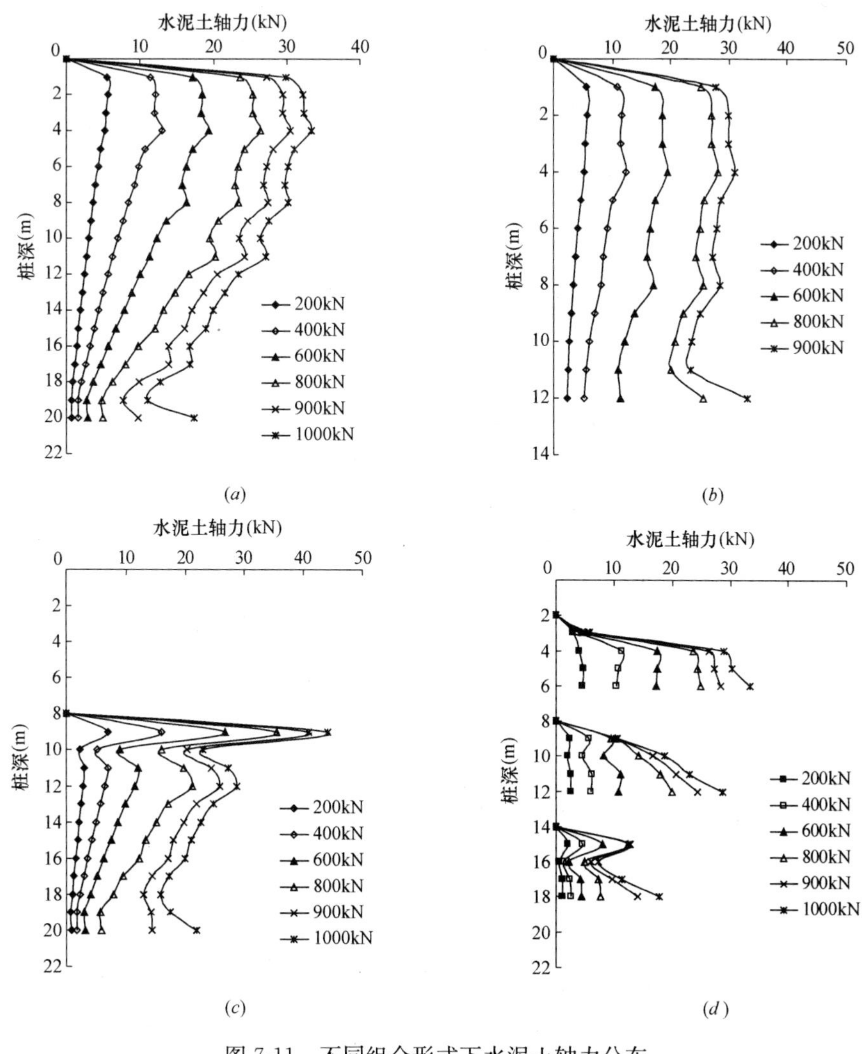

图 7-11　不同组合形式下水泥土轴力分布

(a) 全组合；(b) 上组合；(c) 下组合；(d) 分段组合

图 7-12 是四种不同组合形式下第一界面（芯桩与水泥土）摩阻力随桩深的分布曲线。由图可见，全组合和上组合摩阻力曲线变化趋势一致，由于桩顶荷载和桩端阻力的作用，

界面顶部和底部摩阻力发挥的比较充分，中间摩阻力随着荷载的增加有类似梯形的增加。界面底部摩阻力在极限荷载后发展较快，数值明显大于界面顶部摩阻力，这是因为极限荷载后桩端土体承担所增加的荷载，桩端阻力反作用于芯桩桩端和水泥土桩端，使得芯桩和水泥土相对位移明显增大，导致底部摩阻力有明显的增加。下组合形式下界面顶部摩阻力发挥的更加充分，中间摩阻力变化较小。分段组合形式下界面摩阻力分布呈现上大下小的趋势，规律明显，并且越靠近桩顶，界面摩阻力越大。可见，JPP 桩由于组合形式的不同，第一界面的摩阻力发展规律有所不同。

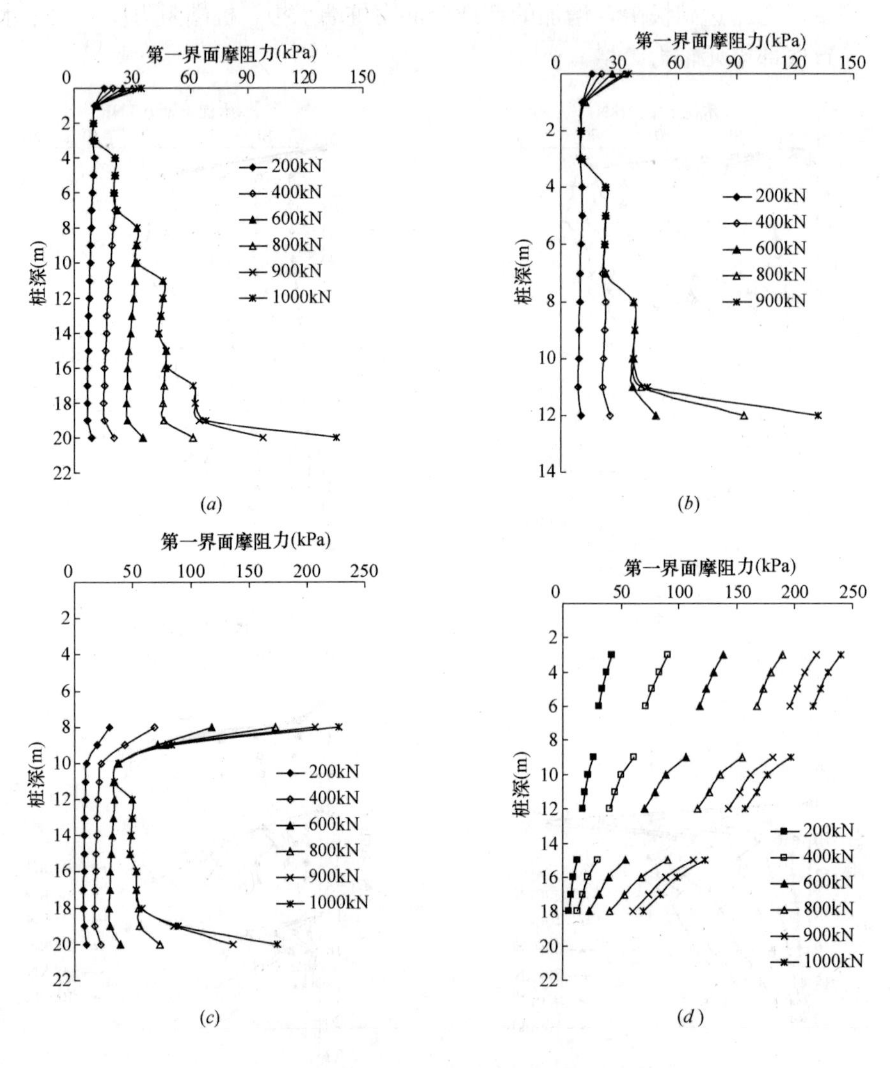

图 7-12　不同组合形式下第一界面摩阻力分布

(*a*) 全组合；(*b*) 上组合；(*c*) 下组合；(*d*) 分段组合

图 7-13 是不同组合形式下第二界面（水泥土或芯桩与桩周土）摩阻力的分布曲线。由图可见，与第一界面摩阻力分布规律不同的是，四种组合形式下第二界面摩阻力分布规律基本一致，界面摩阻力随着荷载的增加向中间直线靠近，到达极限荷载后摩阻力分布曲线与直线重合，摩阻力达到了极限摩阻力。在组合段和非组合段界面摩阻力有稍微的变

化，组合段摩阻力较大，非组合段摩阻力较小。这与简化计算模型有关，极限摩阻力 τ_u 由式（7-32）所决定，随深度线性分布，即图中中间的那条直线。离桩顶越近的界面摩阻力首先达到极限摩阻力，相应的界面模型刚度系数为 0，随着荷载的增加，所增加的荷载由刚度系数不为 0 的界面来承担，界面摩阻力叠加，也逐步达到极限摩阻力，相应的界面模型刚度系数为 0，直到界面摩阻力全部达到极限摩阻力，界面模型刚度系数全为 0，相应的摩阻力曲线变为一条直线。

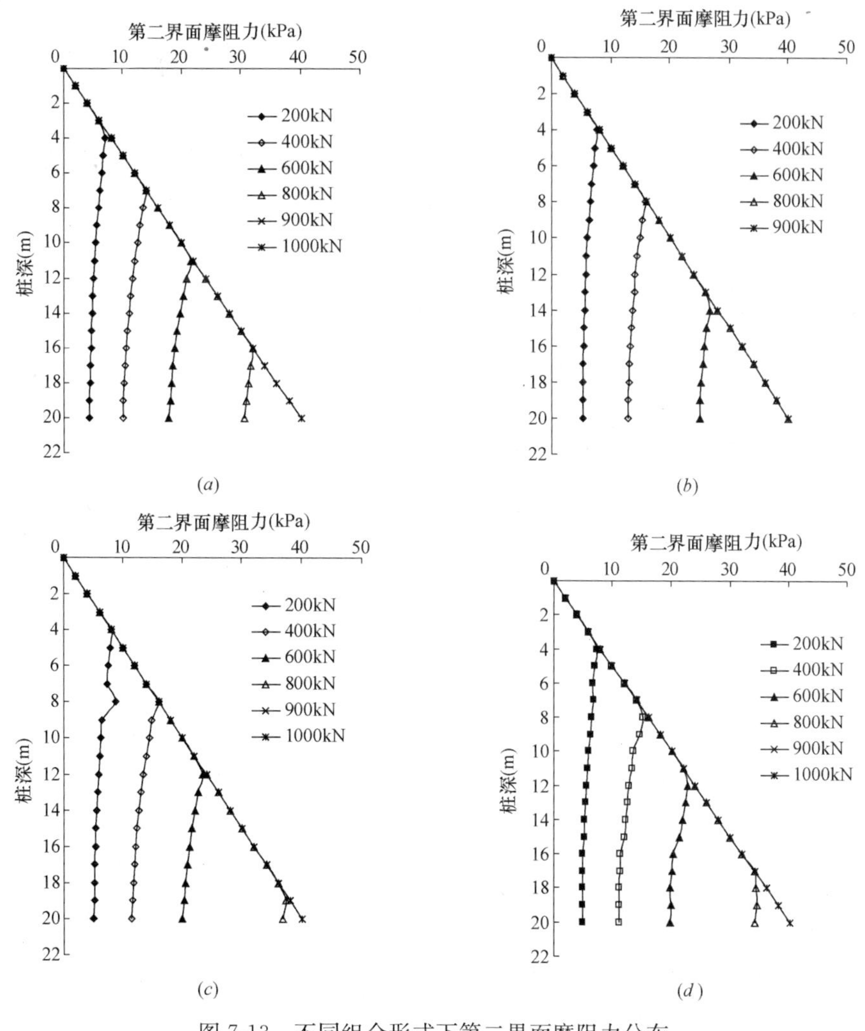

图 7-13　不同组合形式下第二界面摩阻力分布

（*a*）全组合；（*b*）上组合；（*c*）下组合；（*d*）分段组合

图 7-14 是不同组合形式下桩端阻力随荷载的变化曲线，由图可见，分段组合所提供的桩端阻力较大，这是因为分段组合 JPP 桩不仅芯桩端部土体提供桩端阻力，而且每段水泥土端部土体也可以提供端阻力，从而使得分段组合形式下可以获得较大的端阻力，从而提供较高的承载力。从图中也可以看出，极限荷载前，桩端阻力发展缓慢，极限荷载后，桩端阻力急剧增加，这也是桩侧阻力达到极限后再增加的荷载都由桩端承担的一个反映。

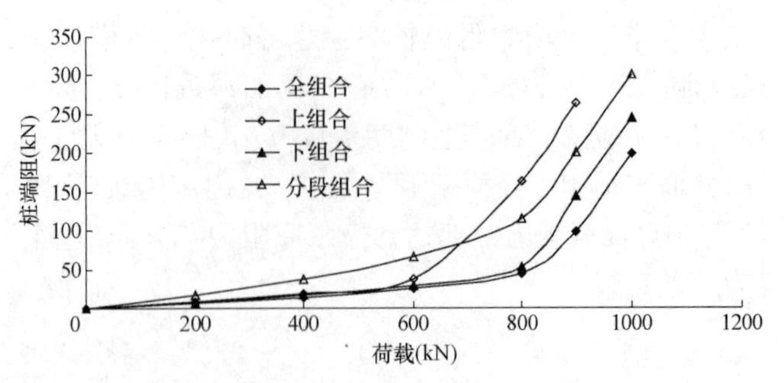

图 7-14　不同组合形式桩端阻力随荷载分布

7.3.2　水泥土厚度

采用全组合标准桩对不同水泥土厚度进行分析，选取 4 种不同的水泥土厚度，分别为：50mm、100mm、150mm、200mm，即为 $0.25r_c$、$0.5r_c$、$0.75r_c$、$1.0r_c$（r_c 为芯桩半径，200mm），不同水泥土厚度下荷载-沉降对比曲线如图 7-15 所示。由图可见，随着水泥土厚度的增加，JPP 桩极限承载力明显提高，这是因为水泥土厚度增加，相对应 JPP 桩直径增加，所提供的桩侧摩阻力增加，另外，由于桩端面积增加，桩端阻力也略有增加，这两方面的原因导致极限承载力随着水泥土厚度的增加而增加。

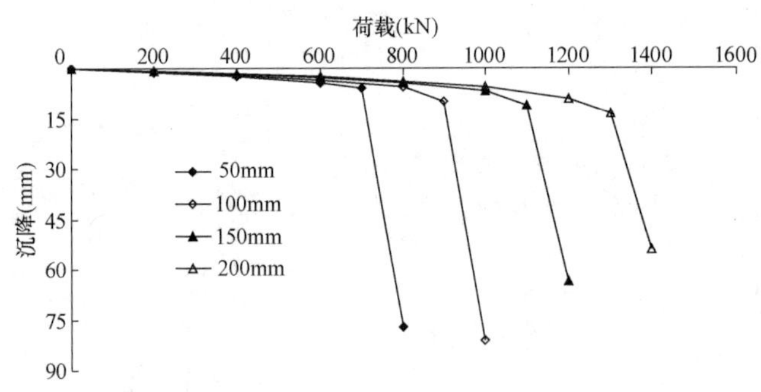

图 7-15　不同水泥土厚度下荷载-沉降曲线

图 7-16 是不同水泥土厚度下芯桩轴力沿桩深的分布对比图，由图可以看出，不同水

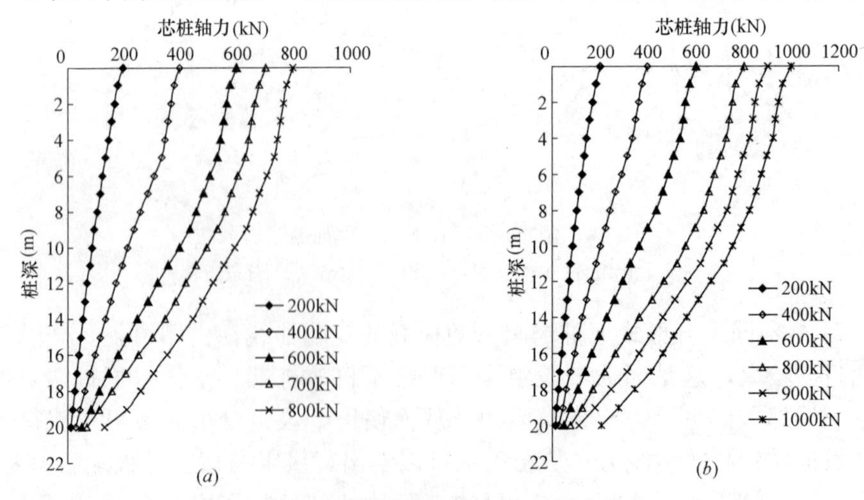

图 7-16　不同水泥土厚度下芯桩轴力分布

（a）水泥土厚度 50mm；（b）水泥土厚度 100mm

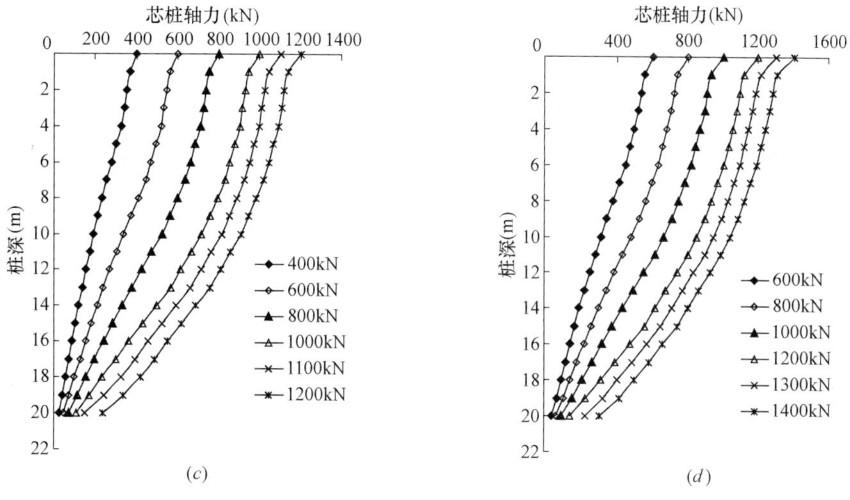

图 7-16 不同水泥土厚度下芯桩轴力分布（续）

（c）水泥土厚度 150mm；（d）水泥土厚度 200mm

泥土厚度下芯桩轴力沿桩身的分布规律基本一致，都是随着桩身逐渐递减的趋势，到达极限荷载后，芯桩轴力分布曲线近似平行分布，并且桩端轴力有明显的增加。随着荷载的增加，桩侧摩阻力从上到下逐步发挥，逐渐达到极限摩阻力，芯桩轴力由于桩侧摩阻力的逐步发挥从上到下呈递减的趋势，并且芯桩轴力随着荷载的增加而增加。摩阻力达到极限摩阻力后，第二界面的刚度系数全变为 0，这样再增加的荷载都由桩端土体承担，桩端阻力增大，导致芯桩桩端轴力在极限荷载后有一个明显的增加。

图 7-17 是不同水泥土厚度下水泥土轴力分布曲线对比图，有图可以看出，水泥土轴力分布规律基本相同，总体上呈现上大下小的趋势，并且水泥土桩端轴力在极限荷载后有一个明显的增加。不过在水泥土厚度为 50mm 的情况下，由于水泥土厚度较薄，再加上

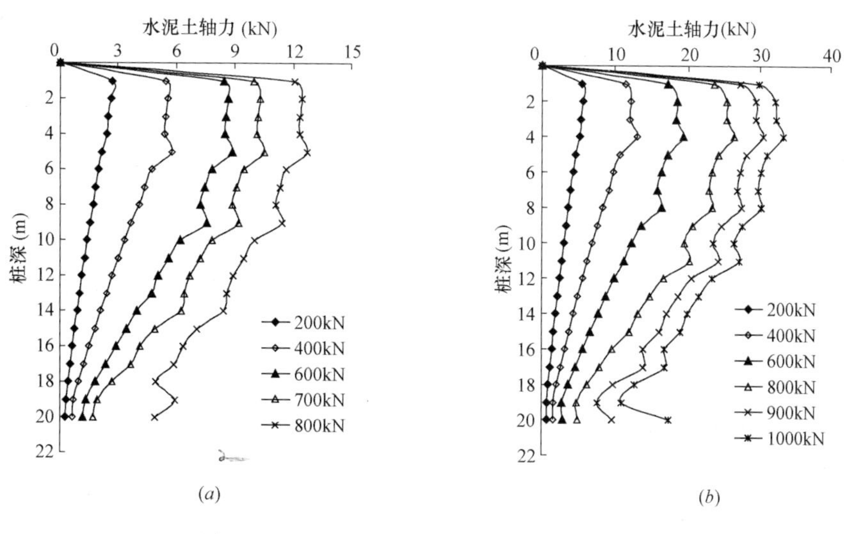

图 7-17 不同水泥土厚度下水泥土轴力分布

（a）水泥土厚度 50mm；（b）水泥土厚度 100mm

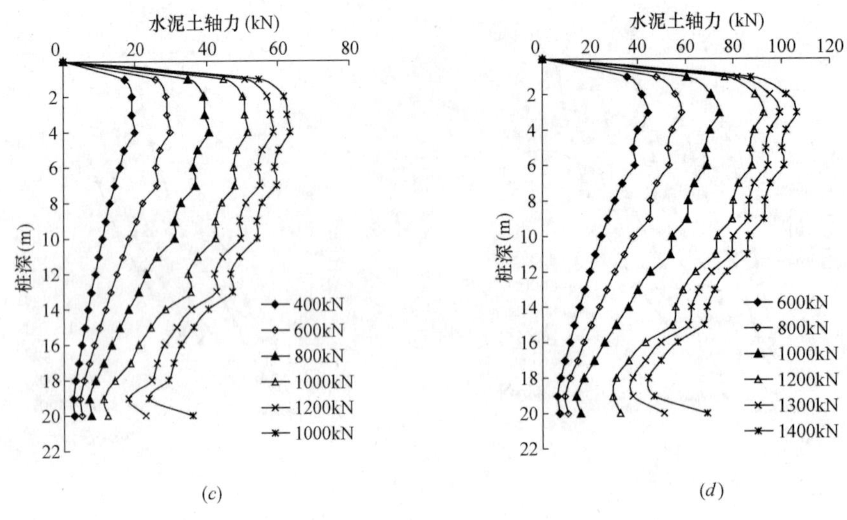

图 7-17 不同水泥土厚度下水泥土轴力分布（续）

（c）水泥土厚度 150mm；（d）水泥土厚度 200mm

极限荷载后桩端位移较大，导致水泥土桩端轴力有一个向外的拐点。在实际的 JPP 桩工程施工中，水泥土厚度不宜太薄，第一水泥土太薄不能提供较高的承载力，“性价比”不能保证，第二水泥土太薄芯桩与水泥土容易产生脱离特别是桩端段。另外，水泥土厚度也不宜过厚，第一水泥土过厚要求高压旋喷设备较高，第二水泥土过厚由于承载力较高易出现芯桩与水泥土的脱离破坏。可见，综合考虑水泥土厚度宜控制在一定的范围内，这样才能取得较好的承载效果。

图 7-18 是不同水泥土厚度下第一界面（芯桩与水泥土界面）摩阻力分布曲线对比图，从四个图可以看出，第一界面摩阻力分布规律基本相同，但随着水泥土厚度的增加，JPP 桩所能承担的荷载增大，第一界面摩阻力也随之增大，特别是极限荷载后。在荷载初期，

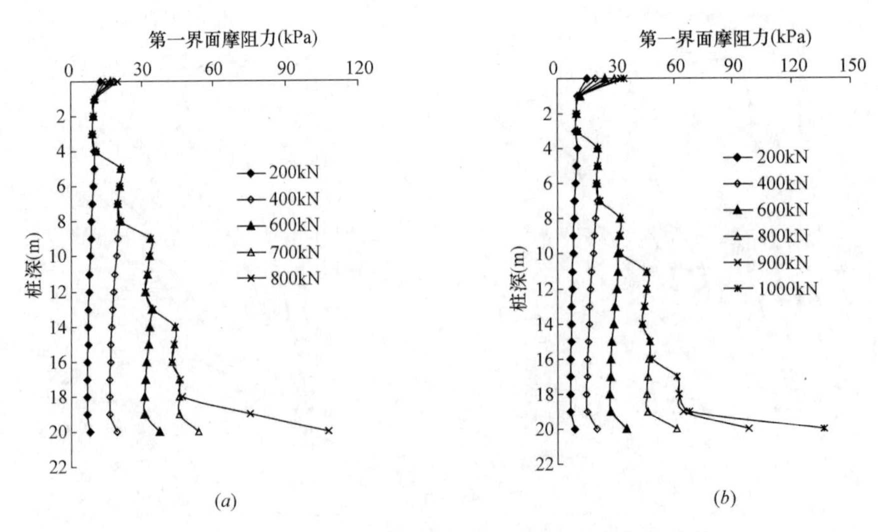

图 7-18 不同水泥土厚度下第一界面摩阻力分布曲线

（a）水泥土厚度 50mm；（b）水泥土厚度 100mm

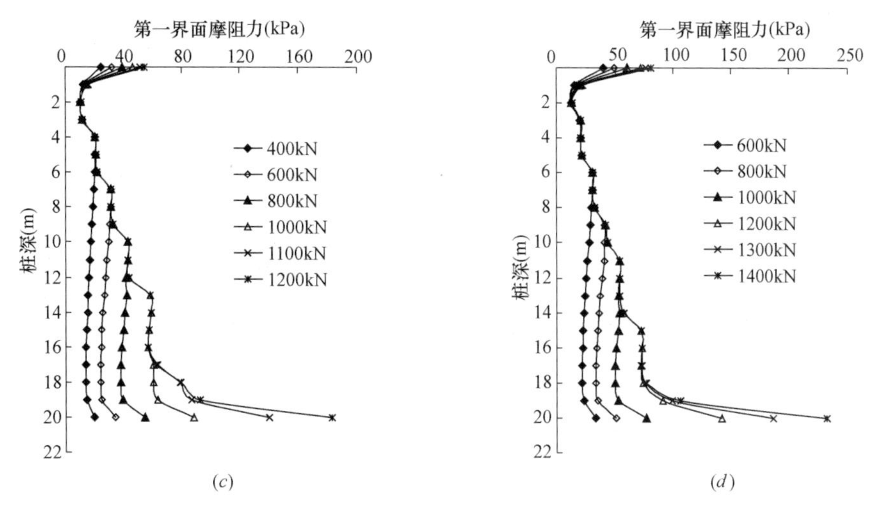

图 7-18　不同水泥土厚度下第一界面摩阻力分布曲线（续）

（c）水泥土厚度 150mm；（d）水泥土厚度 200mm

由于荷载较小，第一界面摩阻力近似直线分布，桩顶摩阻力由于桩顶水泥土与芯桩相对位移较大而较大，但随着荷载的增加，第一界面摩阻力呈台阶分布，特别是极限荷载后，台阶分布比较明显，桩端第一界面摩阻力明显大于桩顶摩阻力，这与第二界面极限摩阻力随深度的增加而线性增加有关。

图 7-19 是不同水泥土厚度下第二界面（JPP 桩与桩周土界面）摩阻力分布曲线对比图，由图可见，四种情况下第二界面摩阻力分布规律基本一致，随着荷载的增加第二界面摩阻力逐步达到极限荷载，图中表示为折线逐步变为直线，也即是第二界面摩阻力随着荷载的增加沿桩身逐步达到极限荷载。可见，水泥土厚度的改变不影响第二界面摩阻力的分布规律，但由于水泥土厚度增加相对应的是 JPP 桩直径增加，这样第二界面摩阻力的极限值随着水泥土厚度的增加而增加。

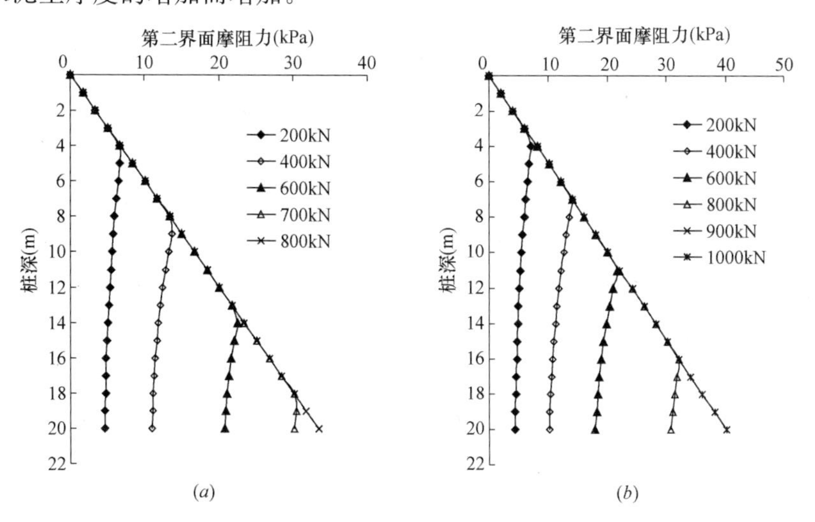

图 7-19　不同水泥土厚度下第二界面摩阻力分布

（a）水泥土厚度 50mm；（b）水泥土厚度 100mm

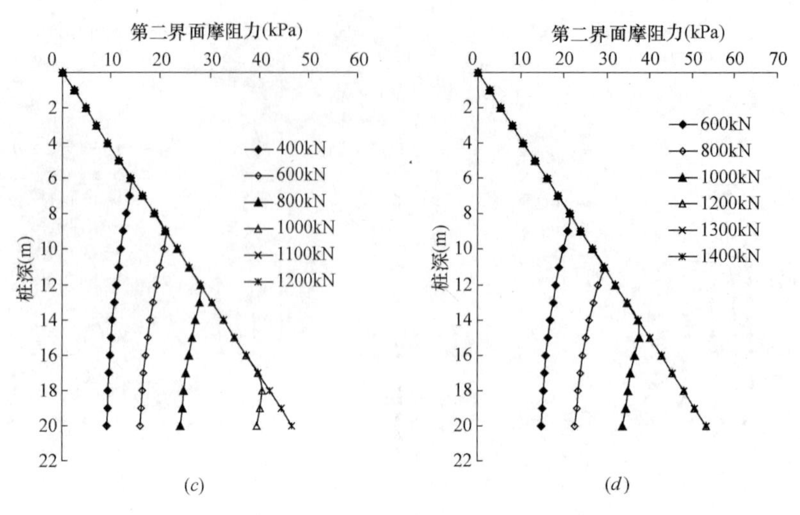

图 7-19 不同水泥土厚度下第二界面摩阻力分布（续）

（c）水泥土厚度 150mm；（d）水泥土厚度 200mm

7.3.3 水泥土弹性模量

图 7-20 是在不同荷载作用下桩顶竖向位移随水泥土弹性模量的变化曲线，由图可见，在同一荷载下，随着水泥土弹性模量的增加，桩顶沉降有略微减小的趋势，但总体上来看桩顶沉降曲线近似一条直线，水泥土弹性模量几乎对桩顶竖向位移没有影响。可以得出，JPP 桩变形由高强度的芯桩控制，水泥土弹性模量的改变对 JPP 桩变形几乎没有影响，这与第 3 章试验结果相一致。

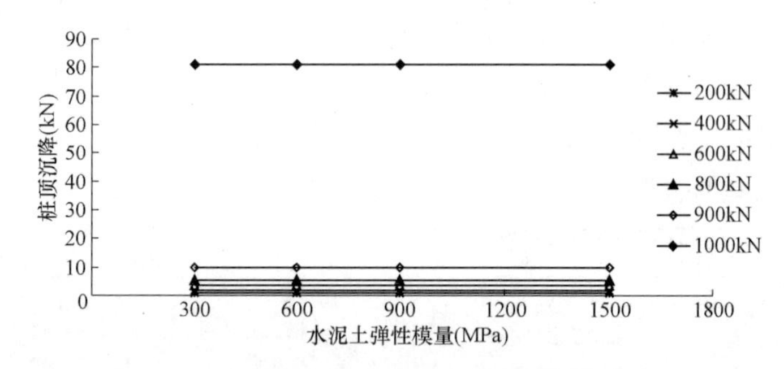

图 7-20 桩顶竖向位移随水泥土弹性模量的变化曲线

图 7-21 是不同荷载作用下桩端阻力随水泥土弹性模量改变而变化的曲线，由图可见，在同一荷载下，桩端阻力随水泥土弹性模量变化近似一条直线，这说明桩端阻力基本不变，水泥土弹性模量改变对桩端阻力几乎没有影响，这又证明了 JPP 桩变形由芯桩控制这一结论。

图 7-22 是不同水泥土弹性模量下芯桩轴力分布对比图。由图可以看出，水泥土弹性模量越大，芯桩桩顶轴力有一定幅度的减小，但减小幅度不大。可见，水泥土弹性模量的增加，可以减小芯桩桩顶轴力，但幅度不大，所以水泥土弹性模量的增加对减小芯桩轴力贡献是有限的，是不明显的。

图 7-23 是不同水泥土弹性模量下第一界面摩阻力的分布。由图可见，在不同水泥土

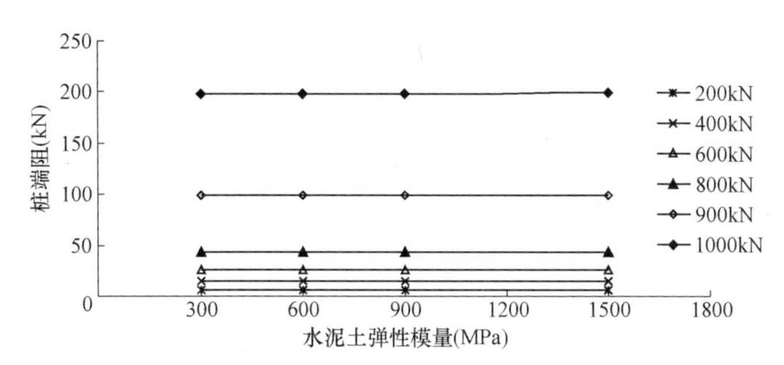

图 7-21 不同荷载作用下桩端阻随水泥土弹性模量的变化

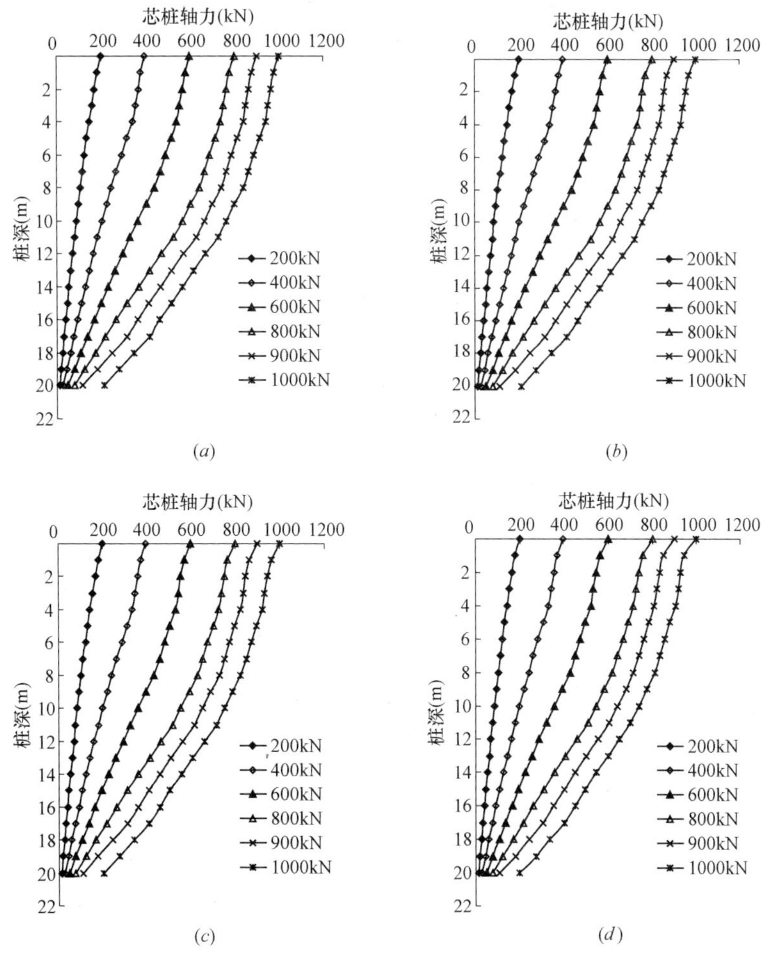

图 7-22 不同水泥土弹性模量下芯桩轴力分布

(a) 300MPa；(b) 600MPa；(c) 900MPa；(d) 1500MPa

弹性模量下第一界面摩阻力分布规律基本一致，但随着水泥土弹性模量增加，第一界面摩阻力略有减小，但减小幅度不大，比如 800kN 荷载作用下桩端处第一界面：63.6kPa (300MPa)，62.4kPa (600MPa)，61.2kPa (900MPa)，59.1kPa (1500MPa)，括号内是水泥土弹性模量。可以得出，水泥土弹性模量的改变对第一界面摩阻力影响较小，第一界面摩阻力分布规律基本一致。

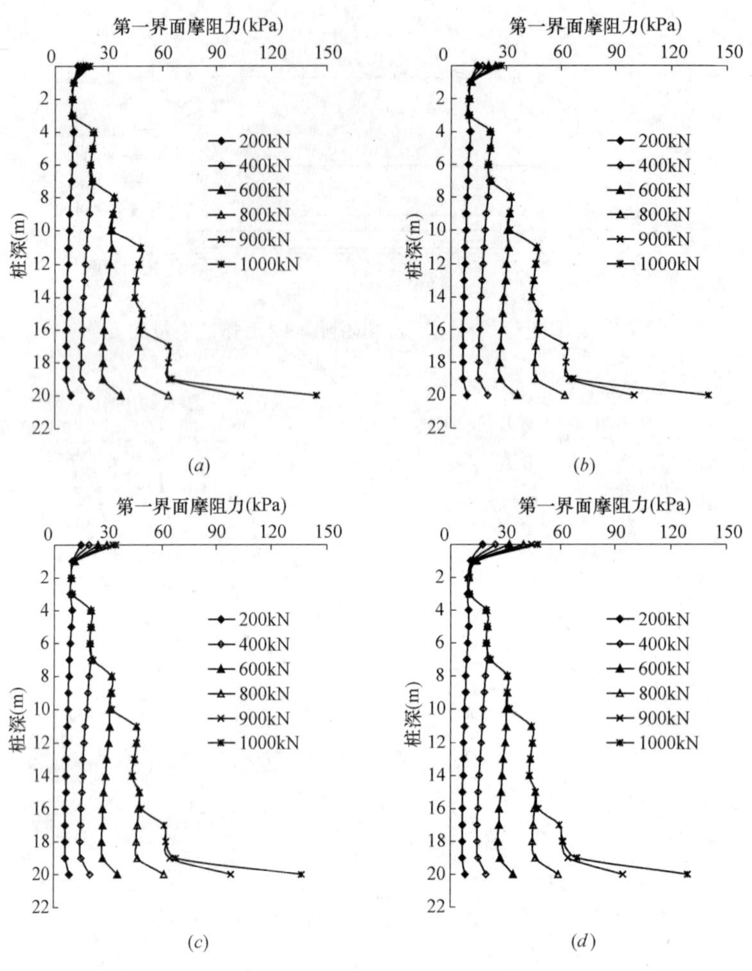

图 7-23　不同水泥土弹性模量下第一界面摩阻力分布

(*a*) 300MPa；(*b*) 600MPa；(*c*) 900MPa；(*d*) 1500MPa

图 7-24 是不同水泥土弹性模量时第二界面摩阻力的分布情况。由图可以看出，四种水泥土弹性模量下第二界面摩阻力分布一致，可见水泥土弹性模量的改变对第二界面摩阻力分布几乎没有影响。第二界面摩阻力分布反映的是水泥土与桩周土的相对滑移情况，在简化分析中，假定桩周土不产生位移，水泥土和桩周土的相对滑移就是水泥土的沉降位移，再加上水泥土沉降位移由芯桩控制，也就是水泥土与芯桩近似变形协调，由图 7-20 和图 7-21 可知水泥土弹性模量对 JPP 沉降位移几乎没有影响，从而第二界面摩阻力几乎也不受水泥土弹性模量的影响。

图 7-25 是不同水泥土弹性模量下水泥土轴力分布规律。由图可以看出，在不同水泥土弹性模量下，水泥土轴力变化还是比较明显的，总体上来讲，水泥土轴力随着水泥土弹性模量的增加而增加。可见，随着水泥土弹性模量的增加，水泥土受到的轴力也会增加，这样就会为芯桩分担小部分的荷载，图 7-22 也从一方面反映了这种情况。从以上的分析知，JPP 桩变形由芯桩控制，水泥土与芯桩近似变形协调，可见水泥土变形由芯桩控制，水泥土变形随着水泥土弹性模量改变基本没有变化，这样水泥土轴力就会随着水泥土弹性模量的增加而增加。

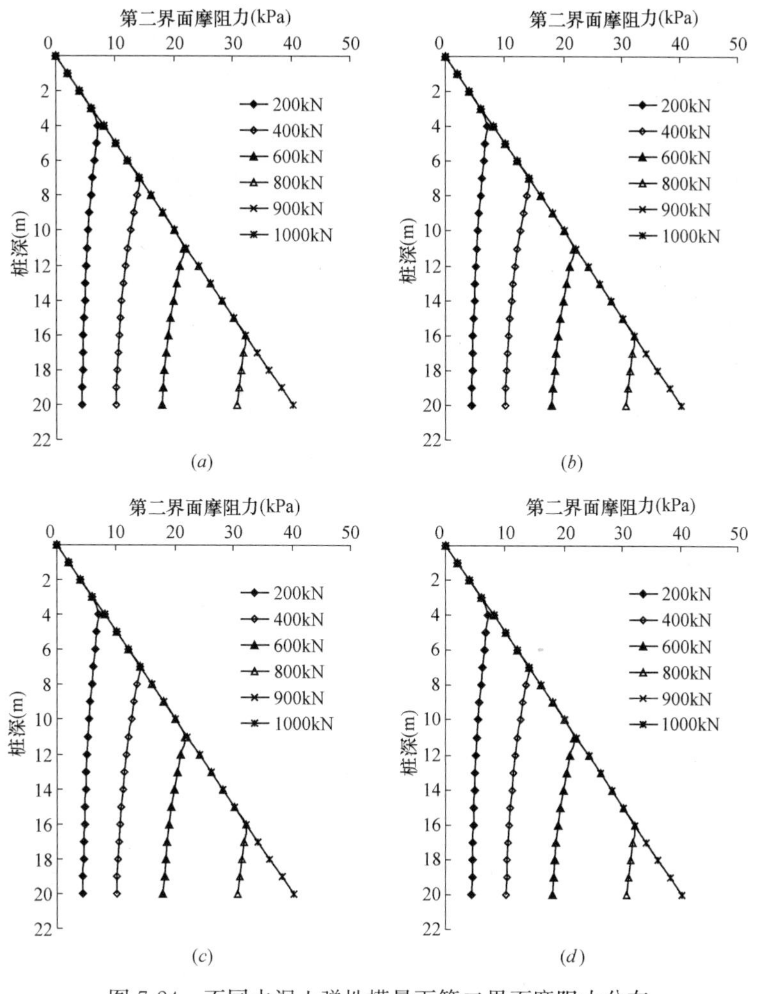

图 7-24 不同水泥土弹性模量下第二界面摩阻力分布

(a) 300MPa；(b) 600MPa；(c) 900MPa；(d) 1500MPa

7.3.4 刚度系数比

刚度系数比就是第一界面刚度 K_c 和第二界面刚度 K_x 的比值，本节对刚度系数比分别为 1、10、100、1000（K_x 不变，增大 K_c）时分析 JPP 单桩竖向荷载传递特性并对比分析这四种情况下的区别和联系。

图 7-26 是不同刚度系数比情况下荷载-沉降曲线对比图。由图可以看出，刚度系数比为 1 时的各级荷载下的桩顶沉降偏大，其余三条曲线近似重合，比如 900kN 桩顶荷载下刚度系数比为 1 时桩顶沉降为 16.24mm，为 10 时桩顶沉降为 10.38mm，为 100 时桩顶沉降为 9.97mm，为 1000 时桩顶沉降为 9.92mm。可见刚度系数比是影响沉降的一个重要指标，如果从桩基控制沉降这个设计角度考虑，刚度系数比不宜过小，也即是高压旋喷水泥土与芯桩粘结强度不宜过小，这样才能达到 JPP 组合桩提高承载力和减小沉降的目的。提高芯桩与水泥土粘结强度可以从水泥土强度和芯桩表面粗糙度两个方面进行改进。提高水泥土强度可以采取如下措施：第一，在满足正常施工的前提下，可适当降低水灰比，也就是提高掺灰量；第二，高压旋喷钻杆提升速度不要太快，保证水泥浆与土搅拌均匀，另

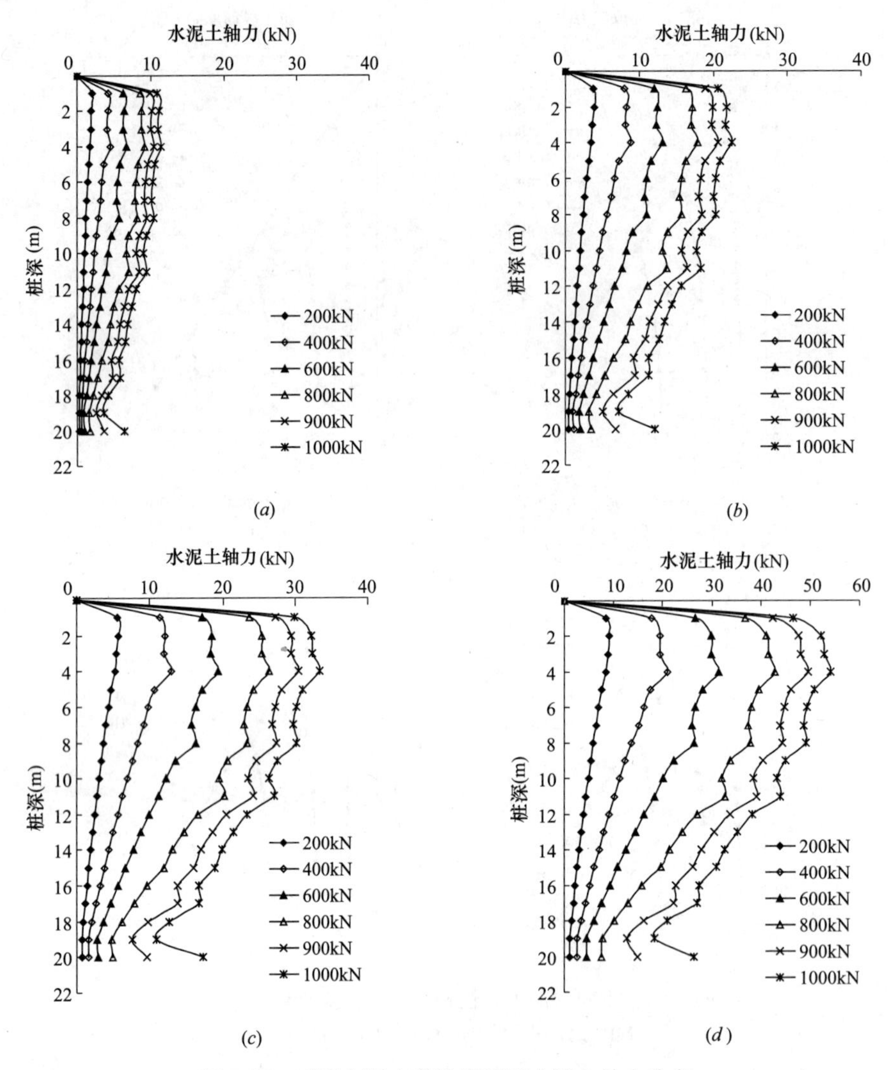

图 7-25　不同水泥土弹性模量下水泥土轴力分布

(*a*) 300MPa；(*b*) 600MPa；(*c*) 900MPa；(*d*) 1500MPa

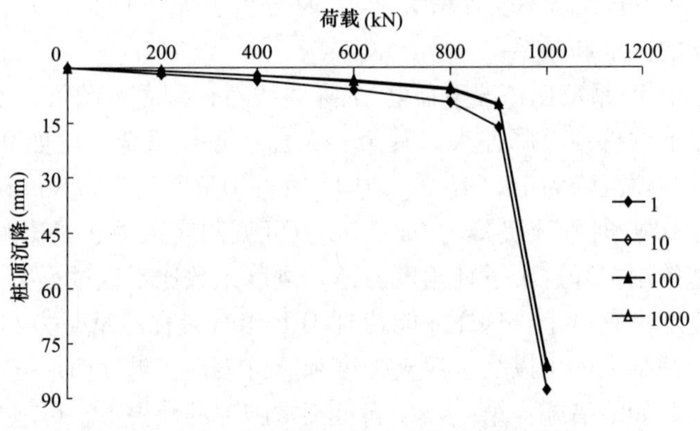

图 7-26　不同刚度系数比下荷载沉降曲线

外还要采用复喷的施工作业方式进行施工。增大芯桩表面粗糙度可以采用如“带肋钢筋”一样的表面，在 PHC 管桩制作时，增加一套表面的制作工艺，生产出如“带肋钢筋”一般的“带肋 PHC 管桩”，这样就可以很大程度上提高水泥土与芯桩的粘结强度，从而更好地发挥 JPP 组合桩的整体性能。

图 7-27 是不同刚度系数比情况下芯桩轴力分布曲线。从图可以看出，总体上来看芯桩轴力分布规律近似一样，但仔细来看，芯桩上半部分轴力分布有些区别，随着刚度系数比的增加，芯桩轴力分布曲线越不平滑，也就是芯桩轴力递减越快。这是因为刚度系数比越大，也即是第一界面刚度系数越大，相对来说第一界面摩阻力就会越大，这样芯桩轴力就会衰减越快，表现出芯桩上半部分轴力曲线越来越不平滑的现象。

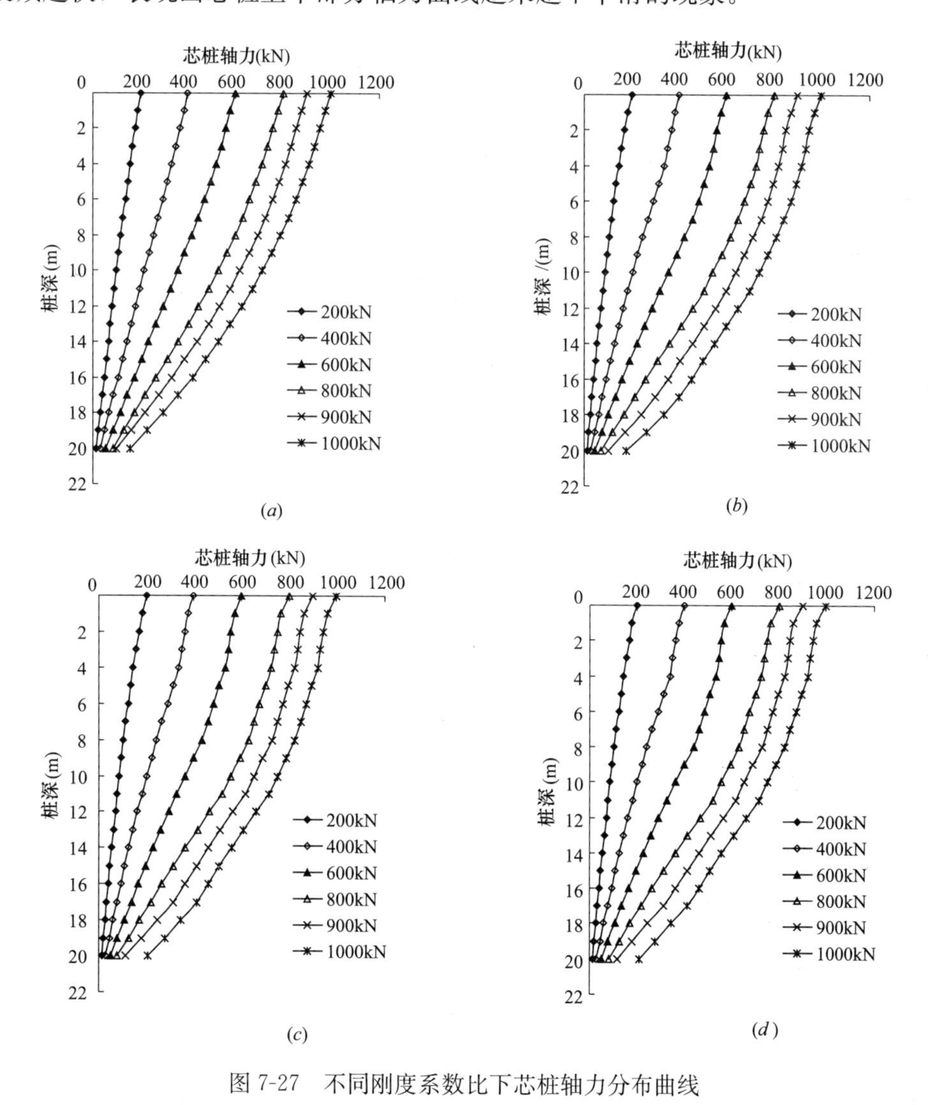

图 7-27　不同刚度系数比下芯桩轴力分布曲线

(*a*) 刚度系数比为 1；(*b*) 刚度系数比为 10；

(*c*) 刚度系数比为 100；(*d*) 刚度系数比为 1000

图 7-28 是不同刚度系数比情况下水泥土轴力分布曲线。从图可以看出，不同刚度系

数比情况下，水泥土轴力分布差别较大。刚度系数比为 1、10 时，水泥土轴力没有明显的分布规律，比较杂乱，刚度系数比为 100、1000 时水泥土轴力分布从总体上来看大体一致。可见，刚度系数比较小时（小于 100），芯桩和水泥土位移相差较大，芯桩所承受的荷载不能有效地传递给水泥土，导致水泥土轴力分布规律不明显；刚度系数比较大时（大于 100），芯桩和水泥土位移相差较小，近似变形协调，芯桩承受的荷载可以有效地传递给水泥土，然后水泥土再传递给桩周土，这样水泥土轴力分布就比较有规律，呈现出上大下小的趋势。可见，刚度系数比不宜过小，也就是不宜小于 100，这样可以使水泥土与芯桩有足够的黏聚力来保证芯桩与水泥土变形协调，从而达到扩大直径提高承载力的目的。

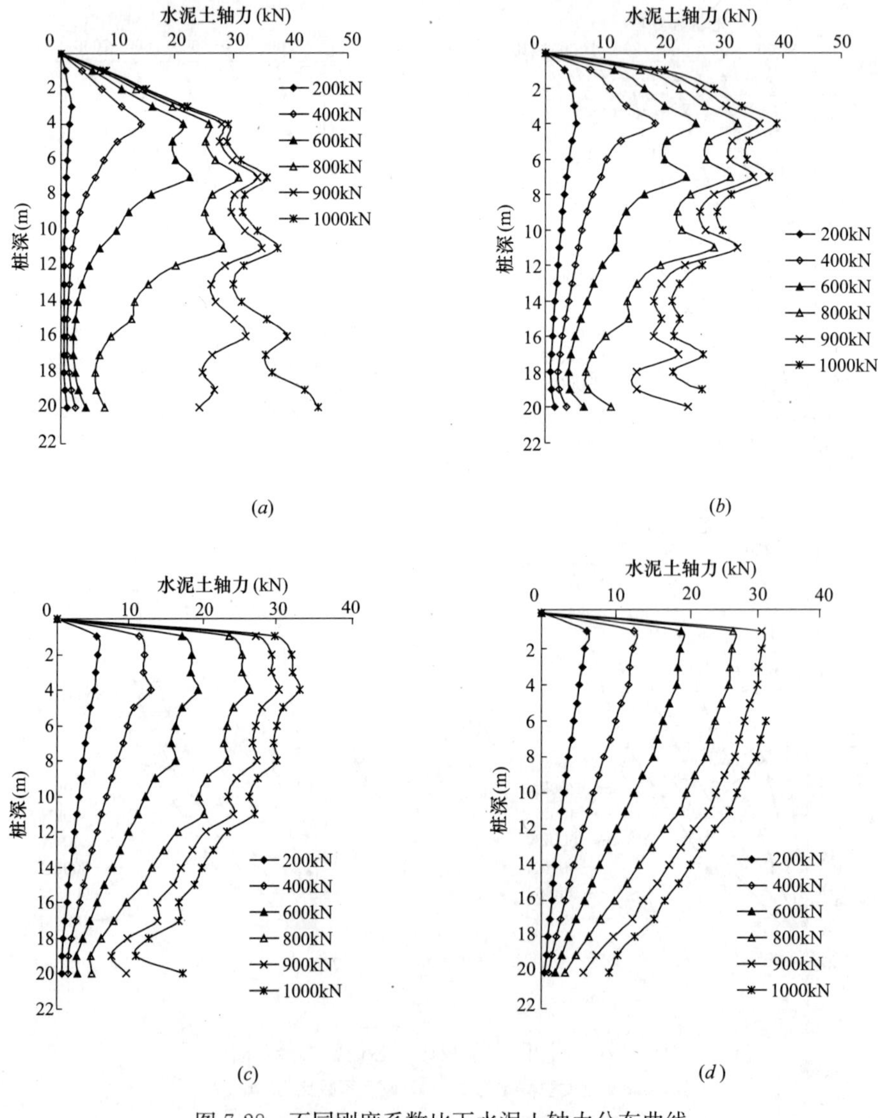

图 7-28 不同刚度系数比下水泥土轴力分布曲线

(*a*) 刚度系数比为 1；(*b*) 刚度系数比为 10；

(*c*) 刚度系数比为 100；(*d*) 刚度系数比为 1000

图 7-29 是不同刚度系数比情况下第一界面摩阻力分布情况。由图可见，不同刚度系数比情况下，第一界面摩阻力分布不尽相同。从总体上来看，随着刚度系数比的增加，第一界面所受到的摩阻力也越来越大，分布规律越来越趋于一致，当刚度系数比为 100 和 1000 时，第一界面摩阻力大小几乎相等。可见，当刚度系数比大于 100 时，芯桩所承受的荷载可以有效地传递给水泥土，水泥土与芯桩近似变形协调。可以得出，刚度系数比不宜过小，不宜小于 100。

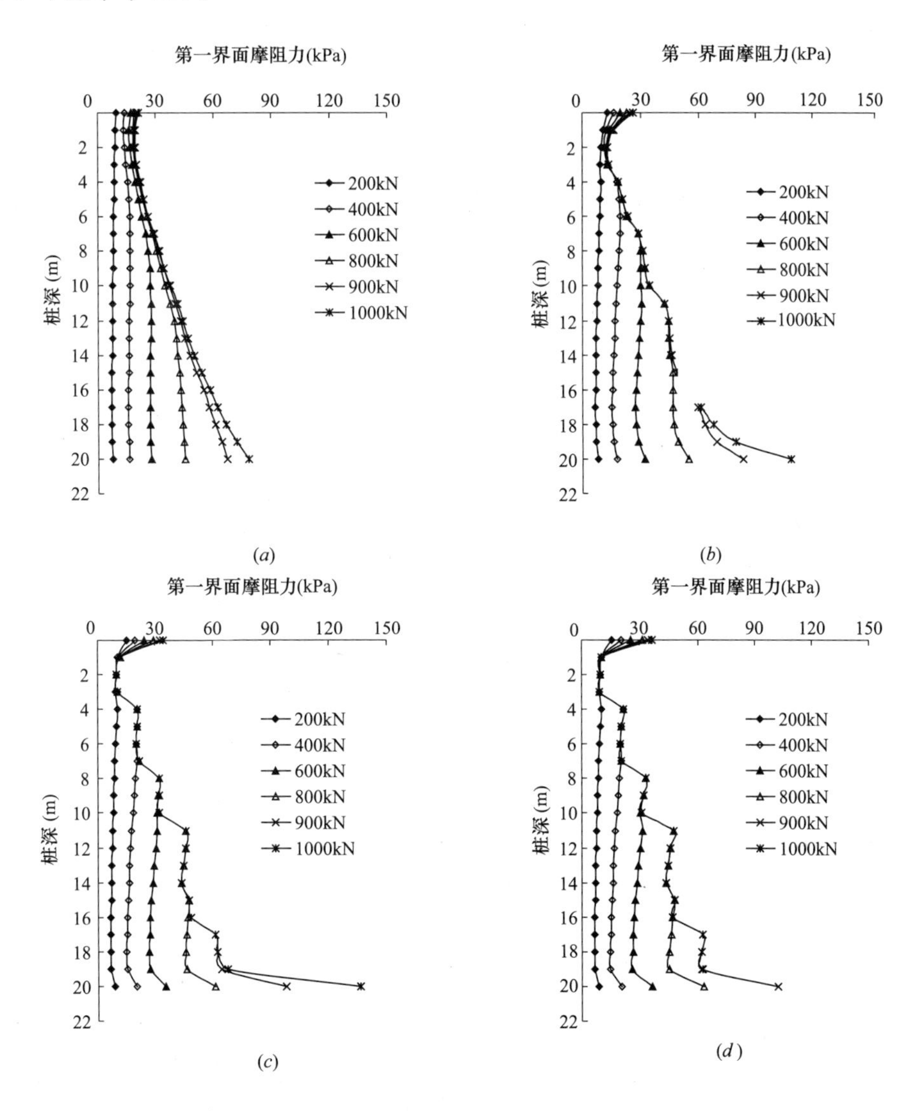

图 7-29　不同刚度系数比下第一界面摩阻力分布曲线

(*a*) 刚度系数比为 1；(*b*) 刚度系数比为 10；

(*c*) 刚度系数比为 100；(*d*) 刚度系数比为 1000

图 7-30 是不同刚度系数比情况下第二界面摩阻力的分布。从图中可以看出，第二界面摩阻力分布近似一致。这是因为，由于保持第二界面刚度系数不变，并且由图 7-26 可知，不同刚度系数比情况下，JPP 桩整体变形差别并不是很大，这样就导致第二界面摩阻

力分布也近似一致。可以得出，刚度系数比对第二界面摩阻力分布几乎没有影响。

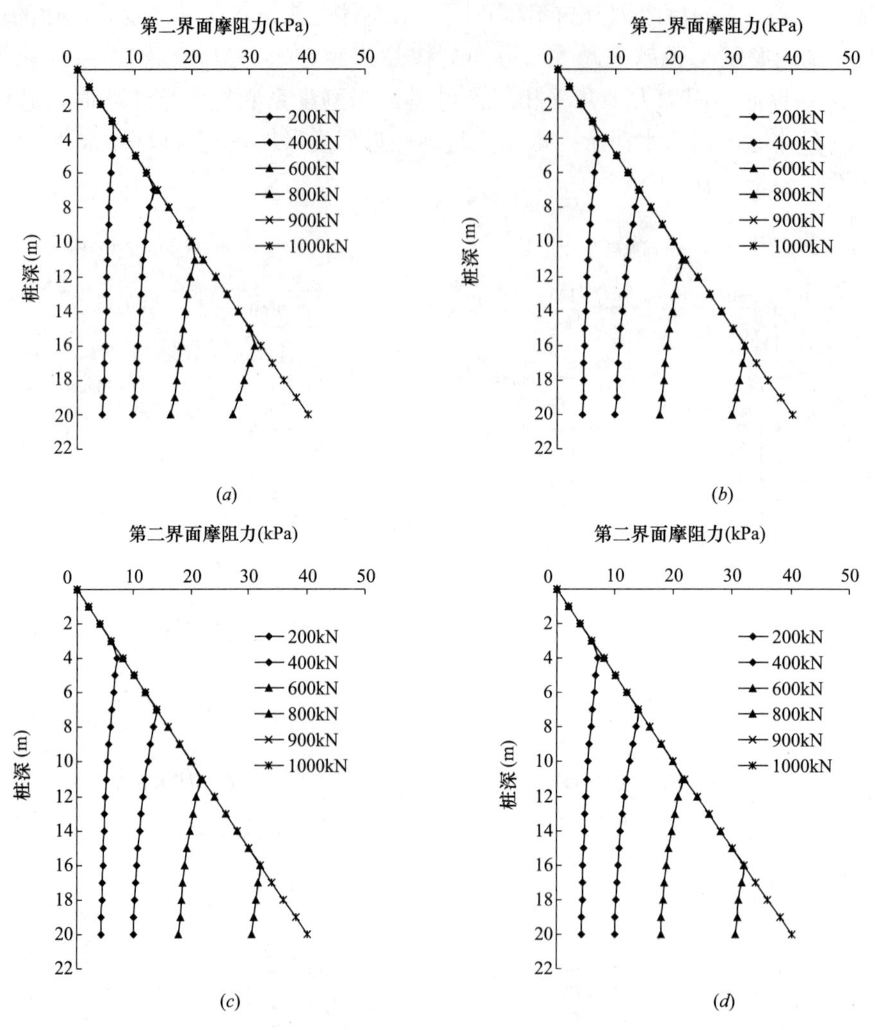

图 7-30　不同刚度系数比下第二界面摩阻力分布曲线

（*a*）刚度系数比为 1；（*b*）刚度系数比为 10；

（*c*）刚度系数比为 100；（*d*）刚度系数比为 1000

7.4　本章小结

本章主要根据高喷插芯组合桩不同的组合特点，提出一种简化计算方法对其荷载传递机理及影响因素进行了分析，主要研究内容和结论如下：

（1）针对高喷插芯组合桩自身的特点，提出了 JPP 单桩荷载传递分析的简化计算方法。采用理想弹塑性、线性和双折线传递函数分别模拟高压旋喷水泥土与桩周土界面的非线性、水泥土与芯桩界面的线性以及桩端土的硬化特性，推导出一种 JPP 桩荷载传递分析的简化计算方法，并与模型试验结果对比，验证了此计算方法的可行性和可靠性。

（2）利用该简化计算方法对 JPP 桩不同组合形式、水泥土厚度、水泥土弹性模量、刚度系数比等影响荷载传递的主要因素进行了分析，得出如下结论：实际工程施工中宜采用分段组合形式；水泥土厚度的增加对提高 JPP 桩承载力有很大的帮助但也不宜过厚，不宜大于芯桩的半径；水泥土弹性模量对竖向承载特性影响较小但水泥土强度要满足构造要求；为了达到受荷时水泥土与芯桩变形协调的目的，刚度系数比不宜过小，不宜小于 100。

第8章　结　　论

1. 主要结论

对于每一种新桩型，掌握其荷载传递机理以及承载力计算对进一步推广此桩型是非常有必要的。通过足尺模型试验、理论分析及数值模拟对高喷插芯组合桩这一新桩型的工作性状、荷载传递机理及承载力计算进行了分析，所开展的主要工作及结论汇总如下：

（1）阐述了高喷插芯组合桩（简称JPP）的桩型构造、施工设备及施工工艺、质量检测，分析总结了其研发思路、技术优缺点及适用范围等。针对此桩型的技术特点及施工中存在的问题，提出了较为合理化的建议。该技术结合了预应力混凝土桩强度高和高压旋喷桩侧摩阻力大的优点，使两种桩型的优势充分发挥，承载力有较大的提高，是一种既经济又施工速度快的新桩型。

（2）以自主开发的大型桩基模型试验系统为依托，进行了同截面同尺寸的JPP桩、混凝土灌注桩及高压旋喷桩足尺模型试验。通过对试验结果对比分析表明，与另外两种桩型相比，JPP桩的承载力及桩侧摩阻力都有较大幅度的提高。试验结果表明，JPP桩本身的变形主要由高强度的芯桩控制，芯桩与水泥土近似变形协调。JPP桩上部荷载主要由芯桩承担，该荷载逐步向下传递的同时，也逐步通过芯桩周围的水泥土向桩周土扩散，形成了预应力混凝土桩内芯向水泥土外芯扩散和水泥土外芯向桩周土扩散的双层扩散模式，这样就可以把桩顶荷载传递到范围更大的桩周土中，达到扩大直径及提高承载力的目的。

（3）通过对带承台JPP单桩的试验结果与不带承台JPP单桩试验结果对比分析得出，加承台后JPP桩承载力明显提高，这反映了桩-承台-土共同作用的特性。承台的存在使桩周土应力水平提高，使桩周土参与荷载的承担，这样可充分发挥桩周土的承载力，达到低承台复合桩基的目的。与不带承台JPP单桩相比，承台对桩侧摩阻力有"削弱"作用，但对桩端阻力有"增强"作用，并且桩侧和桩端摩阻达到极限摩阻所需位移都增大，有一定的"滞后"效应。

（4）通过JPP群桩的数值模拟分析得出，现行桩基技术规范对于JPP桩群桩基础的设计不完全适用，特别是侧阻群桩效应系数，深入研究JPP群桩基础的工作性能是很有必要的。JPP群桩实际工程施工中宜采用分段组合形式，水泥土弹性模量改变对JPP群桩竖向变形影响较小，群桩变形由高强度的芯桩控制。

（5）考虑JPP桩自身的构造特点，提出了承载力的简化计算公式，并结合工程实例验证了其合理性，并确定了桩侧摩阻力的调整系数。

（6）利用数值模拟分别对水泥土弹性模量、水泥土厚度、不同组合形式等影响JPP桩承载力的主要因素进行了对比分析。模拟结果得出水泥土弹性模量对JPP桩变形影响较小；水泥土厚度不宜小于100mm也不宜大于芯桩的半径；在实际工程施工中宜采用分段组合形式，以达到较好的承载性能和经济效益。

（7）依据数据不同的取舍分析了原模型、新息模型、等维新息模型三种不同的灰色计算模型GM（1，1），通过对JPP桩达到破坏和未达破坏的现场工程实例的分析可知，三种计算模型都可以很好地预测JPP单桩极限承载力，其中等维新息模型虽步骤较多，但预测精度最高，可以较为准确地预测极限承载力。

（8）基于最小势能原理得到了JPP复合材料桩荷载沉降关系的显式变分解答，通过与试验结果对比验证了其合理性，并对长径比、芯桩弹性模量、水泥土弹性模量、水泥土厚度、桩周土泊松比等影响等效刚度的主要因素进行了对比分析。

（9）采用理想弹塑性模型、线性模型及双折线模型分别模拟高压旋喷水泥土或芯桩与桩周土界面特性、水泥土与芯桩界面特性和桩端土的硬化特性，建立了JPP单桩荷载传递分析的简化计算方法。通过对模型试验进行计算，验证了该计算方法的可行性和可靠性。利用此简化计算方法对JPP桩不同组合形式、水泥土厚度、水泥土弹性模量、刚度系数比等影响荷载传递的主要因素进行了分析。

2. 主要创新

通过足尺模型试验、理论分析、数值模拟等方法对JPP桩荷载传递机理及承载力计算进行了分析，主要创新成果如下：

（1）进行了高喷插芯组合桩、混凝土灌注桩、高压旋喷桩的足尺模型对比试验，通过对试验结果进行分析研究，提出了JPP桩荷载传递模式。进行了带承台JPP单桩的足尺模型试验，试验结果与不带承台JPP桩进行了对比，得出了带承台JPP桩的荷载传递特性。

（2）依据JPP桩的构造特性，从工程安全储备考虑提出了JPP桩承载力的简化计算公式，并通过工程实例验证了其合理性。对影响JPP桩承载力的各种因素进行了数值模拟分析，并依据JPP桩自身的特点，提出了较为合理的构造形式。分析了三种不同的灰色计算模型，通过对破坏和未破坏的现场工程实例的分析，得到了合理的预测模型。

（3）建立了基于最小势能原理的JPP复合材料桩的荷载沉降关系的显式变分解答，并对影响等效刚度的主要因素进行了对比分析。结合JPP桩组合特点，建立了基于传递函数法的JPP单桩性状的简化分析方法，并利用该方法对影响JPP桩荷载传递的主要因素进行了分析。

3. 建议

JPP桩是一种新型的地基处理技术，涉及高压旋喷技术和桩基技术，影响因素很多，其施工技术以及设计方法还需进一步改进和完善，还有很多工作需做进一步研究：

（1）水泥浆材料还有待进一步研究。在实际工程施工中，提高水泥土强度就要添加更多的水泥，降低水灰比，这样势必会增加工程造价。如果能找到一种提高水泥土强度的添加剂无疑会降低造价，这样就可以在制作水泥浆的时候添加适当比例的添加剂，以期水泥土强度能得到较大提高，增强水泥土与芯桩界面的粘聚力。

（2）“带肋”PHC管桩的研制。在保证不影响PHC本身强度的情况下，制作带肋管桩，也即是在管桩表面制作凸凹不同的螺纹，这样就可以大大增加芯桩与水泥土粘聚力，进一步保证水泥土与管桩同步工作，变形协调。芯桩与水泥土界面粘聚力增加就可以适当加大水泥土厚度，把更大的桩顶荷载通过水泥土传递给范围更大的桩周土体中。

（3）JPP桩承载力简化计算公式需进一步验证和修正。由于不同地质、不同JPP桩组合设计的现场工程实测资料有限，所提出的承载力简化计算公式有一定的局限性，还需要收集更多的工程实测资料来验证和修正所提出的计算公式，以期更好的、更有价值的服务于实际工程中。

（4）开展 JPP 群桩试验研究。在实际的 JPP 桩桩基工程中，一般都是群桩基础，与带承台单桩相比，承台、群桩、土相互作用情况不尽相同，所以很有必要开展群桩试验特别是现场群桩试验的研究。如果现场场地以及经费允许的情况下，可以进行不同桩长、不同桩数、不同桩间距、不同组合构造形式等情况下的现场试验，对比分析各种情况下的竖向承载特性以及荷载传递机理，得出一些有益的结论以便指导工程实践，为进一步推广 JPP 桩做好试验基础。

参考文献

[1] 林天健，熊厚金，王利群．桩基础设计指南［M］．北京：中国建筑工业出版社，1999.

[2] 段新胜，顾湘．桩基工程［M］．武汉：中国地质大学出版社，1998.

[3] 刘金砺．桩基设计施工与检测［C］．北京：中国建材工业出版社，2001.

[4] 史佩栋．SMW工法地下连续墙［J］．工业建筑，1995，25（4）：56-60.

[5] 彭芳乐，孙德新，袁大军，等．日本地下连续墙技术的最新进展［J］．施工技术，2003，32（8）：51-53.

[6] 李进军．劲性搅拌桩荷载传递规律的试验研究［D］．天津：天津大学，2006.

[7] Xanthakos P P，Abramson L W；Donald A B．Ground control and improvement［M］．New York：John Wiley & Sons INC.，1994.

[8] 张冠军．SMW工法在申海大厦及肯围护工程中应用［J］．施工技术，1998，27（8）：7-9.

[9] 王健，夏明耀，傅德鸣．H型钢与水泥土搅拌桩维护结构的设计与计算［J］．同济大学学报，1998，26（6）：636-639.

[10] 张璞，柳荣华．SMW工法在深基坑工程中的应用［J］．岩石力学与工程学报，19（增）：1104-1107.

[11] 朱宪辉，汪贵平，姚根洪．型钢水泥土搅拌墙围护结构在虹许路北虹路下立交工程的设计应用［J］．岩土工程学报，2006，28（增）：1641-1643.

[12] 张榕生．SMW工法在深基坑支护工程中的应用［J］．施工技术，2002，31（6）：31-32.

[13] 秦立永．SMW工法施工应用［J］．施工技术，2003，32（8）：25.

[14] 陈德明．SMW工法在城市中心区深基坑工程中的应用［J］．施工技术，2006，35（7）：31-33.

[15] 梅英宝，范庆国，胡玉银．SMW工法在软土地区的应用［J］．施工技术，2006，35（7）：33-35.

[16] 孔德志，朱悦明，刘良．SMW工法在大型深基坑工程的应用［J］．建筑技术，2006，37（12）：910-912.

[17] 李松亭，薛涛，郭涛．SMW工法在丰田通商深基坑中的应用［J］．施工技术，2006，35（9）：83-86.

[18] 陈春来，魏纲，陈华辉．矩形SMW工法工作井土体反力计算方法的研究［J］．岩土力学，2007，28（4）：769-773.

[19] 周顺华，刘建国，潘若东，等．新型SMW工法基坑围护结构的现场试验和分析［J］．岩土工程学报，2001，23（6）：692-695.

[20] 张冠军，徐永福，傅德明．SMW工法型钢起拔试验研究及应用［J］．岩石力学与工程学报，2002，21（3）：444-448.

[21] 顾士坦，施建勇．深基坑SMW工法模拟试验研究及工作机理分析［J］．岩土力学，2008，29（4）：1121-1126.

[22] 郑刚，张华．型钢水泥土复合梁中型钢-水泥土相互作用试验研究［J］．岩土力学，2007，28（5）：939-943.

[23] 边亦海，黄宏伟．SMW工法支护结构失效概率的模糊事故树分析［J］．岩土工程学报，2006，28（5）：664-668.

[24] 陈辉．SMW工法中型钢-水泥土共同作用的研究［J］．建筑科学，2007，23（7）：78-79.

[25] 凌光容，安海玉，谢岱宗，等．劲性搅拌桩的试验研究［J］．建筑结构学报，2001，22（2）：92-96.

[26] 吴迈，窦远明，王恩远．水泥土组合桩荷载传递试验研究［J］．岩土工程学报，2004，26（3）：432-434.

[27] 吴迈，赵欣，窦远明，等. 水泥土组合桩室内试验研究 [J]. 工业建筑，2004，34（11）：45-48.
[28] 董平，陈征宙，秦然. 混凝土芯水泥土搅拌桩在软土地基中的应用 [J]. 岩土工程学报，2002，24（2）：204-207.
[29] 董平，秦然，陈征宙. 混凝土芯水泥土搅拌桩的有限元研究. 岩土力学，2003，24（3）：344-348.
[30] DONG Ping，QIN Ran，CHEN Zhengzhou. Bearing capacity and settlement of concrete-cored DCM pile in soft ground [J]. Geotechnical and geological engineering，2004，22（1）：105-119.
[31] 岳建伟，鲍鹏. 组合桩的竖向承载力特性研究 [J]. 土木工程学报，2008，41（5）：59-64.
[32] 岳建伟，凌光容. 软土地基中组合桩水平受荷作用下的试验研究 [J]. 岩石力学与工程学报，2007，26（6）：1284-1289.
[33] 刘金砺，刘金波. 水下干作业复合灌注桩试验研究 [J]. 岩土工程学报，2001，23（5）：536-539.
[34] 刘金波. 干作业复合灌注桩的试验研究及理论分析 [D]. 北京：中国建筑科学研究院，2000.
[35] 刘汉龙，陈永辉，宋法宝. 一种桩土互动浆固散体材料桩复合地基施工工法 [P]. 中国专利：200510038903X，2005.
[36] 刘汉龙. 将固碎石桩技术及其应用 [J]. 岩土工程界，2006，9（7）：27-30.
[37] 顾长存，刘汉龙，邢恩达. 路堤荷载下具盖板的将固碎石桩桩土应力比研究 [J]. 岩土力学，2006，27（10）：1719-1722.
[38] 布克明，殷坤龙，龚维明. 钻孔后压浆技术在苏通大桥基础工程中的应用 [J]. 岩土力学，2008，29（6）：1697-1700.
[39] 黄生根，龚维明，张晓炜，等. 钻孔灌注桩压浆后的承载性能研究 [J]. 岩土力学，2004，25（8）：1315-1319.
[40] 黄生根，张晓炜，曹辉. 后压浆钻孔灌注桩的荷载传递机理研究 [J]. 岩土力学，2004，25（2）：251-254.
[41] 黄生根，龚维明. 大直径超长桩压浆后承载力性能的试验研究及有限元分析 [J]. 岩土力学，2007，28（2）：297-301.
[42] 戴国亮，龚维明，薛国亚. 超长钻孔灌注桩桩端后压浆效果检测 [J]. 岩土力学，2006，27（5）：849-852.
[43] 胡春林，李向东，吴朝晖. 后压浆钻孔灌注桩单桩竖向承载力特性研究 [J]. 岩石力学与工程学报，2001，20（4）：546-550.
[44] 何剑. 后注浆钻孔灌注桩承载性状试验研究 [J]. 岩土工程学报，2002，24（6）：743-746.
[45] 张忠苗，吴世明，包风. 钻孔灌注桩桩底后注浆机理与应用研究 [J]. 岩土工程学报，1999，21（6）：681-686.
[46] 杨敏，杨桦，王伟. 长短桩组合桩基础设计思想及其变形特性分析 [J]. 土木工程学报，2005，38（12）：103-108.
[47] Yang Min. Study on reducing settlement pile foundation based on controlling settlement principle [J]. Chinese Journal of Geotechnical Engineering，2000，22（4）：481-486.
[48] 杨敏，杨桦，王伟，等. 某工程长短桩组合桩基础设计方案分析 [J]. 岩土力学，2005，26（增）：218-222.
[49] 朱小军，杨敏，杨桦，等. 长短桩组合桩基础模型试验及承载性能分析 [J]. 岩土工程学报，2007，29（4）：580-586.
[50] 王伟，杨敏，杨桦. 长短桩桩基础与其他类型基础的比较分析 [J]. 建筑结构学报，2006，27（1）：124-129.

[51] 谢新宇，杨相如，施尚伟，等. 刚柔性长短桩复合地基性状分析 [J]. 岩土力学，2007，28 (5)：887-882.
[52] 刘海涛，谢新宇，程功，等. 刚-柔性桩复合地基试验研究 [J]. 岩土力学，2005，26 (2)：303-306.
[53] 张世民，魏新江，秦建堂. 长短桩在深厚软土中的应用研究 [J]. 岩石力学与工程学报，2005，24 (增 2)：5427-5432.
[54] 陈龙珠，梁发云，严平，等. 带褥垫层刚-柔性桩复合地基工程性状的试验研究 [J]. 建筑结构学报，2004，25 (3)：125-129.
[55] 陈龙珠，梁发云，黄大治，等. 高层建筑应用长-短桩复合地基的现场试验研究 [J]. 岩土工程学报，2004，26 (2)：167-171.
[56] LIANG Fa-yun，CHWN Long-zhu，SHI XU-guang. Numerical analysis of composite piled raft with cushion subjected to vertical load [J]. Computers and Geotechnics，2003，30 (20)：443-453.
[57] 葛析声，龚晓南，张先明. 长短桩复合地基有限元分析及设计计算方法探讨 [J]. 建筑结构学报，2003，24 (4)：91-96.
[58] 郑俊杰，区剑华，吴世明，等. 多元复合地基的理论与实践 [J]. 岩土工程学报，2002，24 (2)：208-212.
[59] 郑俊杰，袁内镇，张小敏. 多元复合地基的承载力计算及检测方法 [J]. 岩石力学与工程学报，2001，20 (3)：391-393.
[60] 郑俊杰，刘志刚. 石灰桩与深层搅拌桩联合加固杂填土地基 [J]. 施工技术，1997，26 (9)：23-24.
[61] 郑俊杰，袁内镇. 石灰桩与深层搅拌桩联合加固深厚软土 [J]. 岩土工程技术，1998，(2)：33-34.
[62] 郑俊杰，张建平. CFG 桩和石灰桩联合处理不均匀地基 [J]. 施工技术，2000，29 (9)：31-32.
[63] 郑俊杰，林永汉. 复杂地质条件下粉煤灰混凝土桩与石灰桩联合设计法 [J]. 水文地质工程地质，2000，27 (6)：29-31.
[64] Paolo Carrubba. Skin friction of large-diameter piles socketed into rock [J]. Canadian Geotechnical Journal，1997，(34)：230-240.
[65] Puller David. Use of remote under ream inspection leads to increased pile capacity [C]. The 2th symposium on construction processes in geotechnical engineering，London：ASCE，2005：723-732.
[66] Xu G H，Yue Z Q，Liu D F，He F R. Grouted jetted precast concrete sheet piles：method，experiments，and applications [J]. Canadian Geotechnical Journal：2006，43 (12)：1358-1373.
[67] Jie Han，Shu-Lin Ye. A field study on the behavior of micropiles in clay under compression or tension [J]. Canadian Geotechnical Journal，2006，43 (1)：19-29.
[68] Jie Han，Shu-Liu Ye. A field study on the behavior of a foundation underpinned by micropiles [J]. Canadian Geotechnical Journal，2006，43 (1)：30-42.
[69] Yang J，Tham L G，Lee P K K，Chan S T，Yu F. Behavior of jacked and driven piles in sandy soil [J]. Geotechnique，2006，56 (4)：245-259.
[70] 刘杰，王忠海，邵立国. 组合桩承载力的试验研究 [J]. 天津大学学报，2003，36 (1)：115-119.
[71] 杨寿松，刘汉龙，周云东，等. 薄壁管桩在高速公路软基处理中的应用 [J]. 岩土工程学报，2004，26 (6)：750-754.
[72] 黄广龙，惠刚，梅国雄. 钻孔扩底桩原型对比试验研究 [J]. 岩石力学与工程学报，2006，25 (S2)：1923-1927.

[73] 楼晓明，姚红英，叶文勇，等. 带承台摩擦单桩荷载传递特性的原位试验研究 [J]. 同济大学学报（自然科学版），2007，35 (1)：15-20.
[74] 穆保岗，龚维明，黄思勇. 天津滨海新区超长钻孔灌注桩原位试验研究 [J]. 岩土工程学报，2008，30 (2)：268-271.
[75] 王新泉，陈永辉，刘汉龙. Y型沉管灌注桩荷载传递机制的现场试验研究 [J]. 岩石力学与工程学报，2008，27 (3)：615-623.
[76] 宰金珉，蒋刚，王旭东，等. 极限荷载下桩筏基础共同作用性状的室内模型试验研究 [J]. 岩土工程学报，2007，29 (11)：1597-1603.
[77] 王年香，顾荣伟，章为民，等. 膨胀土中单桩性状的模型试验研究 [J]. 岩土工程学报，2008，30 (1)：56-60.
[78] 王涛，刘金砺. 桩-土-桩相互作用影响的试验研究 [J]. 岩土工程学报，2008，30 (1)：100-105.
[79] 谭慧明. PCC桩复合地基褥垫层特性足尺模型试验研究及分析 [D]. 南京：河海大学，2008.
[80] 丁选明. PCC桩纵向振动响应试验与解析方法研究 [D]. 南京：河海大学，2008.
[81] Pan J L，Goh A T C，Wong K S，Teh C I. Model tests on single piles in soft clay [J]. Canadian Geotechnical Journal，2000，37 (4)：890-897.
[82] Tamotsu，Won Pyo Hong，Tomio Ito. Earth pressure on piles in a row due to lateral soil movements [J]. Soils and foundations，1982，22 (2)：71-81.
[83] Cao Xiao-dong，Wong Ing-hieng，Chang Ming-fang. Behavior of model rafts resting on pile-reinforced sand [J]. Journal of Geotechnical and Geoenvironmental Engineering，2004，130 (2)：129-138.
[84] Onuselogu Peter，Yin Zong-ze. Pile behavious in sand through experiments [J]. Chinese Journal of Geotechnical Engineering，1998，20 (3)：85-89.
[85] 王幼青，张可绪，朱腾明. 桩-承台-地基土相互作用试验研究 [J]. 哈尔滨建筑大学学报，1998，31 (2)：31-37.
[86] 刘汉龙，谭慧明，彭劼，等. 大型桩基模型试验系统的开发 [J]. 岩土工程学报，2009，31 (3)：452-457.
[87] Finno R J. Evaluation of capacity of micropiles embedded in Dolomite [R]. 2002.
[88] Su-Hyung Lee，Choong-Ki Chung. An experimental study of the interaction of vertically loaded pile groups in sand [J]. Canadian Geotechnical Joural，2005，42 (5)：1485-1493.
[89] 王耀辉，谭国焕，李启光. 模型嵌岩桩试验及数值分析 [J]. 岩石力学与工程学报，2007，26 (8)：1691-1697.
[90] 王多垠，兰超，何光春，等. 内河港口大直径嵌岩灌注桩横向承载性能室内模型试验研究 [J]. 岩土工程学报，2007，29 (9)：1307-1313.
[91] 张建新，吴东云. 桩端阻力与桩侧阻力相互作用研究 [J]. 岩土力学，2008，29 (2)：541-544.
[92] 卢成原，贾颖栋，周玲. 重复荷载下模型支盘桩工程性状的试验研究 [J]. 岩土力学，2008，29 (2)：431-436.
[93] Seed H B，Reese L C. The action of soft clay along friction piles [J]. Transactions，ASCE，1957，122：731-754.
[94] 朱百里，沈珠江. 计算土力学 [M]. 上海：上海科学技术出版社，1990.
[95] Kraft L M，Ray R P，Kagawa T. Theoretical t-z curves [J]. Journal of the geotechnical engineering division，ASCE，1981，107 (GT11)：1543-1561.
[96] Xiao Zhao-ran，Wang Lu-min，Lee K M. Non-linear behavior of a single pile [J]. Chinese Journal of Geotechnical Engineering ，2002，24 (5)：640-644.

[97] Vijayvergiya V N. Load-movement characteristics of piles [J]. Coastal and ocean division, ASCE, 1977, 2: 269-284.
[98] 刘金砺. 桩基工程设计与施工技术 [M]. 北京：中国建材工业出版社，1994.
[99] 林天健，熊厚金，王利群. 桩基础设计指南 [M]. 北京：中国建筑工业出版社，1999.
[100] Clough G W, Duncan J M. Finite element analysis of retaining wall ehavior [J]. Journal of the soil mechanics and foundations division, ASCE, 1971, 97 (12): 1657-1674.
[101] 胡黎明，濮家骝. 土与结构物接触面物理力学特性试验研究 [J]. 岩土工程学报，2001，23 (4)：431-434.
[102] 曹汉志. 桩的轴向荷载传递及荷载沉降曲线的数值计算方法 [J]. 岩土工程学报，1986，8 (6)：37-49.
[103] 陈龙珠，梁国钱，朱金颖，等. 桩轴向荷载-沉降曲线的一种解析算法 [J]. 岩土工程学报，1994，16 (6)：30-38.
[104] 刘杰，张可能，肖宏彬. 考虑桩侧土体软化时单桩荷载-沉降关系的解析算法 [J]. 中国公路学报，2003，16 (2)：61-64.
[105] 赵明华，何俊翘，曹文贵. 基桩竖向荷载传递模型及承载力研究 [J]. 湖南大学学报，2005，32 (1)：37-42.
[106] Cooke R W, Price G.. Strains and displacements around friction piles [J]. The 8th international conference on soil mechanics and foundation engineering, Moscow, 1973: 1132-1141.
[107] Cooke R W, Prece G., Tarr K. Jacked piles in London clay: a study of load transfer and settlement under working conditions [J]. Geotechnique, 1979, 29 (2): 113-147.
[108] Cooke R W, Price G, Tarr K. Jacked piles in london clay: interaction and ground behaviour under conditions [J]. Geotechnique, 1980, 30 (2): 97-136.
[109] Randolph M F, Wrorth C P, Analysis of deformation of vertically loaded piles [J]. Journal of Geotechnical engineering, ASCE, 1978, 104 (GT12): 1465-1487.
[110] Randolph M F, Wroth C P. An analysis of the vertical deformation of pile groups [J]. Geotechnique, 1979, 29 (4): 423-439.
[111] Rajapakse R K N D. Response of an axially loaded elastic pile in a Gibson soil [J]. Geotechnique, 1990, 40 (2): 237-249.
[112] 宰金珉，杨嵘昌. 桩周土非线性变形分析的广义剪切位移法 [J]. 南京建筑工程学院学报，1993，(1)：1-16.
[113] 宰金珉. 群桩与土和承台非线性共同作用分析的半解析半数值方法 [J]. 建筑结构学报，1996，17 (1)：63-73.
[114] 杨嵘昌，宰金珉. 广义剪切位移法分析桩-土-承台非线性共同作用原理 [J]. 岩土工程学报，1994，16 (6)：103-116.
[115] Richwien W, Wang Z. Displacement of a pile under axial load [J]. Geotechnique, 1999, 49 (4): 537-541.
[116] Mylonakis G. Winkler modules for axially loaded piles [J]. Geotechnique, 2001, 51 (5): 455-461.
[117] 肖宏彬，钟辉虹，王永和. 多层地基中桩的荷载传递分析 [J]. 中南工业大学学报（自然科学版），2005，34 (6)：687-690.
[118] 聂更新，陈枫. 单桩轴向荷载-沉降曲线广义剪切位移解析算法 [J]. 中南大学学报（自然科学版），2005，36 (1)：163-168.
[119] 赵明华，张玲，杨明辉. 基于剪切位移法的长短桩复合地基沉降计算 [J]. 岩土工程学报，

2005，27（9）：994-998.
[120] D'Appolonia E，Romualdi J P. Load transfer in end-bearing steel H-piles [J]. J. Soil Mech. Found. Div. ASCE，1963，89（SM2）：1-25.
[121] Poulos H G，Davis E H. The settlement behavior of axially-loaded incompressible piles and piers [J]. Geotechnique，1968，18：351-371.
[122] Mattes N G，Poulos H G. Settlement of single compressible pile [J]. J. Soil Mech. Found. Div. ASCE，1969，95（SM1）：189-207.
[123] Poulos H G，Davis E H. Pile foundation analysis and design [M]. New York：John Wiley and sons，1980.
[124] Lee C Y，Poulos H G. Axial response analysis of piles in vertically and horizontally non-homogeneous soils [J]. Computers and Geotechnics，1990，9：133-148.
[125] Lee C Y. Discrete layer analysis of axially loaded piles and pile groups [J]. Computers and Geotechnics，1991，11：295-313.
[126] Banerjee P K，Davis T G. The behaviour of axially and laterally loaded single piles embedded in nonhomogeneous soils [J]. Geotechnique，1978，28（3）：309-326.
[127] Rajapakse R K N D. Rigid inclusion in Nonhomogeneous incompressible elastic half-space [J]. Journal of Engineering mechanics，ASCE，1990，116（2）：399-410.
[128] Lee C Y，Small J C. Finite-layer analysis of axially loaded piles [J]. Journal of geotechnical engineering，ASCE，1991，117（11）：1706-1722.
[129] 杨敏，赵锡宏. 土层中的单桩分析方法 [J]. 同济大学学报，1992，21（4）：525-532.
[130] 杨敏，Tham L G，Cheung Y K. 分层土中的群桩分析方法 [J]. 同济大学学报（自然科学版），1993，22（2）：318-325.
[131] Ta L D，Small J C. Analysis of piled raft systems in layered soils [J] International journal for numerical and analytical methods in geomechanics，1996，20（1）：57-72.
[132] Geddes J D. Stress in foundation soils due to vertical subsurface load [J]. Geotechnique，1966，16（13）：231-255.
[133] 杨敏，王树娟，王伯钧，等. 使用 Geddes 应力系数公式求解单桩沉降的套路 [J]. 同济大学学报，1997，26（4）：625-630.
[134] 艾智勇，杨敏. 多层地基内部作用水平力时的扩展 Mindlin 解 [J]. 同济大学学报（自然科学版），2000，28（3）：272-276.
[135] 艾智勇，杨敏. 广义 Mindlin 解在多层地基单桩分析中的应用 [J]. 土木工程学报，2001，34（2）：89-95.
[136] 李素华，周健，杨位洸，等. 复杂地基中桩基承载机理计算研究 [J]. 岩石力学与工程学报，2003，22（9）：1571-1577.
[137] Mindlin R D. Force at a point in the interior of a semi-infinite solid [J]. Physics，1936，7（5）：195-202.
[138] Clough G H，Duncan J M. Finite element analysis of retaining wall behavior [J]. Journal of geotechnical engineering division，ASCE，97（SM12）：1657-1674.
[139] Ottaviani M. Three-dimensional finite element analysis of vertically loaded pile groups [J]. Geotechnique，1975，25（2）：159-174.
[140] Cheung Y K，Lee P K K，Zhao W B. Elastoplastic analysis of soil-pile interaction [J]. Computers and Geotechnics，1991，12：115-132.
[141] 陈雨孙，周红. 纯摩擦桩荷载-沉降曲线的拟合方法及其工作机理 [J]. 岩土工程学报，1987，9

(2)：49-61.

[142] 安关峰，徐斌. 桩（土）与承台组合结构罚有限元分析 [J]. 岩土工程学报，2000，22（6）：686-690.

[143] 吴鸣，赵明华. 大变形条件下桩土共同工作及试验研究 [J]. 岩土工程学报，2001，23（4）：436-440.

[144] 陈开旭，关安峰，鲁亮. 采用有厚度接触单元对桩基沉降的研究 [J]. 岩土力学，2003，21（1）：92-96.

[145] Butterfield R，Banerjee P K. The elastic analysis of compressible piles and pile groups [J]. Geotechnique，1971，21（1）：43-66.

[146] Butterfield R，Banerjee P K. The problem of pile group-pile cap interaction [J]. Geotechnique，1971，21（2）：135-142.

[147] 张崇文，赵剑明，张社荣. 有限层有限元混合法研究桩土相互作用 [J]. 天津大学学报，1995，28（6）：765-772.

[148] 宰金珉. 群桩与土和承台非线性共同作用分析的半解析半数值方法 [J]. 建筑结构学报，1996，17（1）：63-74.

[149] Chow Y K. Iteractive analysis of pile-soil-pile interaction [J]. Geotechnique，1987，37（3）：321-333.

[150] Chow Y K. Disrete element analysis of settlement of pile groups [J]. Computers and structures，1986，24（1）：157-166.

[151] Lee C Y. Discrete layer analysis of axially loaded piles and pile groups [J]. Computers and geotehnics，1991，11（4）：295-313.

[152] Lee C Y. Settlement of pile groups-practical approch [J]. Journal of geotechnical engineering，ASCE，1993，119（9）：1449-1461.

[153] Shen W Y，Chow Y K，Yong K Y. A variational approach for vertical deformation analysis of pile groups [J]. International Journal for Numerical and Analytical Methods in Geomechanics，1997，21（11）：741-752.

[154] Shen W Y，Chow Y K，Yong K Y. A variational solution for vertically loaded pile groups in an elastic halfspace [J]. Geotechnique，1999，49（2）：199-213.

[155] 律文田，王永和，冷伍明. PHC 管桩荷载传递的试验研究和数值分析 [J]. 岩土力学，2006，27（3）：466-470.

[156] 施峰. PHC 管桩荷载传递的试验研究 [J]. 岩土工程学报，2004，26（1）：95-99.

[157] 朱合华，谢永健，王怀忠. 上海软土地基超长打入 PHC 桩工程性状研究 [J]. 岩土工程学报，2004，26（6）：745-749.

[158] 郭宏磊，贺雯，胡亦兵，等. PHC 桩的竖向极限承载力的预测 [J]. 工程力学，2004，21（3）：78-83.

[159] 赵新铭，王晓伟，赵春润，等. 南京江北地区 PHC 桩竖向承载力可靠度分析 [J]. 岩土力学，2008，29（3）：785-789.

[160] 蔡健，周万清，林奕禧，等. 深厚软土超长预应力高强混凝土管桩轴向受力性状的试验研究 [J]. 土木工程学报，2006，39（10）：102-107.

[161] 李智宇，张典福，徐至钧. 预应力高强混凝土管桩设计试验与应用 [J]. 建筑结构，2005，35（10）：67-70.

[162] 曹云锋，王爱国. PHC 管桩在油罐基础工程中的设计与施工 [J]. 建筑结构，2006，36（11）：36-38.

[163] 李小杰. 高压旋喷桩复合地基承载力与沉降计算方法分析 [J]. 岩土力学，2004，25 (9)：1499-1502.
[164] 李方政. 高压旋喷技术在地铁车站深基坑防水工程中的应用 [J]. 公路交通科技，2003，20 (1)：21-23.
[165] 杨凤灵，付进省，张全记，等. 高压旋喷桩复合地基在高层住宅楼中的应用 [J]. 地质科技情报，2005，24 (增)：77-80.
[166] 郑刚，裴颖洁. 天津地铁既有线改造工程中的控制差异沉降研究 [J]. 岩土力学，2007，28 (4)：728-732.
[167] 李五红. 高压旋喷桩加固起重机基础施工技术 [J]. 铁道建筑，2006，(2)：72-74.
[168] 陈华，洪宝宁. 高压旋喷桩在加固高速公路软基中的应用 [J]. 公路，2003，(10)：40-42.
[169] 曾勇，宋吉荣. 高压旋喷桩在建筑物基础不均匀沉降处理中的应用 [J]. 铁道建筑，2006，(2)：64-65.
[170] 王玉梅. 高压旋喷桩在路基加固中的应用 [J]. 铁道科学，2005，(4)：57-58.
[171] 李洪波，于光云，王东权，等. 高压旋喷桩在采动区铁路地基约束加固中的应用 [J]. 铁道建筑，2007，(8)：49-51.
[172] 陈骁文. 高压旋喷桩在武广客运专线路基加固中的应用 [J]. 铁道建筑，2007，(12)：83-84.
[173] 任连伟，刘汉龙，雷玉华. 高喷插芯组合桩技术及其应用 [J]. 岩土工程学报，2008，30 (增刊)：518-522.
[174] 陈华. 高强预应力混凝土管桩液压法施工 [J]. 黑龙江交通科技，2005，(3)：43-44.
[175] 《地基处理手册》(第二版) 编写委员会. 地基处理手册 [M]. 北京：中国建筑工业出版社，2000. 9.
[176] 叶书麟. 地基处理 [M]. 北京：中国建筑工业出版社，1988，175-182.
[177] 叶书麟等编著. 地基处理与托换技术 (第二版) [M]. 中国工业出版社，1995，142-154.
[178] [日] 八寻晖夫. 地下工程高压喷射技术 [M]. 徐殿祥译. 北京：水利电力出版社，1988，69-120.
[179] 《岩土工程治理手册》编写组. 岩土工程治理手册 [M]. 沈阳：辽宁科学技术出版社，1993，230-243.
[180] 宁夏元. 高压旋喷桩在桥台基础中的应用研究 [D]. 长沙：湖南大学，2007.
[181] 陈春生. 高压喷射注浆技术及其应用研究 [D]. 南京：河海大学，2007.
[182] 郭喜平. 高压旋喷注浆法在黄土地区公路软基处理中的应用研究 [D]. 重庆：重庆交通学院，2004.
[183] 王吉望，张敏. 高压喷射桩加固土地基 [J]. 建筑结构学报，1981，11 (3)：39-43.
[184] 陈飞，泰宁，卢春华. 静压高强度预应力混凝土管桩施工技术 [J]. 地质科技情报，2005，24 (增)：81-84.
[185] 刘汉龙，谭慧明，彭劼，等. 大型桩基模型试验系统的开发 [J]. 岩土工程学报，2009，31 (3)：452-457.
[186] 谭慧明. PCC 桩复合地基褥垫层特性足尺模型试验研究及分析 [D]. 南京：河海大学，2008.
[187] 刘汉龙，任连伟，张华东，等. 高喷插芯组合桩荷载传递机制定尺模型试验研究 [J]. 岩土力学，2010，31 (5)：1395-1401.
[188] 中国建筑科学研究院，《建筑桩基技术规范》(JGJ 94-94) [S]，1995.
[189] 段继伟，龚晓南，曾国熙. 水泥土搅拌桩的荷载传递规律 [J]. 岩土工程学报，1994，16 (4)：1-8.
[190] 郭忠贤，杨志红，王占雷. 夯实水泥土桩荷载传递规律的试验研究 [J]. 岩土力学，2006，27

(11)：2020-2024.
[191] Fleming，W G K. A new method for single pile settlement prediction and analysis. Geotechnique，1992，42 (3)：411-425.
[192] Paolo Carrubba. Skin friction of large-diameter piles socketed into rock. Canadian Geotechnical Journal，1997，34 (2)：230-240.
[193] 楼晓明，房卫祥，费培芸，等. 单桩与带承台单桩荷载传递特性的比较试验 [J]. 岩土力学，2005，26 (9)：1439-1402.
[194] 楼晓明，姚红英，叶文勇，等. 带承台摩擦单桩荷载传递特性的原位试验研究 [J]. 同济大学学报，2007，35 (1)：15-20.
[195] 陈强华，张雁，洪毓康. 承台与短桩共同作用的试验研究 [J]. 建筑科学，1992，(2)：30-36.
[196] 贺武斌，贾军刚，白晓红，等. 承台-群桩-土共同作用的试验研究 [J]. 岩土工程学报，2002，24 (6)：710-715.
[197] 杨克己，李启新，王福元. 基础-桩-土共同作用的性状与承载力研究 [J]. 岩土工程学报，1988，10 (1)：30-38.
[198] 郑刚，高喜峰，任彦华，等. 承台 (基础)-桩-土不同构造形式下的相互作用研究 [J]. 岩土工程学报，2004，26 (3)：307-312.
[199] 金菊顺，王幼青，肖立凡. 低承台复合桩基承台效应分析 [J]. 哈尔滨工业大学学报，2004，36 (6)：838-841.
[200] 王浩，周建，邓志辉. 桩-土-承台共同作用的模型试验研究 [J]. 岩土工程学报，2006，28 (10)：1253-1258.
[201] 刘金砺. 桩基础设计计算 [M]. 北京：中国建筑工业出版社，1990.
[202] Lee S H，Chung C K. An experimental study of the interaction of vertically loaded pile groups in sand [J]. Canadian Geotechnical Journal，2005，42 (5)：1485-1493.
[203] Butterfield R，Banerjee P K. The problem of pile group-pile cap interaction [J]. Geotechnique，1971，21 (2)：135-142.
[204] Cook R W. Piled raft foundations on stiff clays-a contribution to design philosophy [J]. Geotechnique，1986，36 (2)：169-203.
[205] Chow Y K，Teh C I. Pile-cap-pile-group interaction in nonhomogeneous soil. Journal of Geotechnical Engineering，1991，117 (11)：1655-1668.
[206] Shen W Y，Chow Y K，Yong K Y. A variational approach for the analysis of pile group-pile cap interaction. Geotechnique，2000，50 (4)：349-357.
[207] 刘汉龙，任连伟，郑浩. 带承台高喷插芯组合单桩荷载传递特性试验研究 [J]. 岩石力学与工程学报，2009，28 (3)：525-532.
[208] 岳建伟，凌光荣，张慧. 组合桩复合地基试验研究 [J]. 建筑科学，2005，21 (5)：16-20.
[209] 任连伟，刘汉龙，张华东，等. 高喷插芯组合桩承载力计算及影响因素分析 [J]. 岩土力学，2010，31 (7)：2219-2225.
[210] 任连伟，刘汉龙，张华东，等. 高喷插芯组合桩极限承载力的灰色预测 [J]. 防灾减灾工程学报，2009，29 (2)：193-200.
[211] 杨克己. 实用桩基工程 [M]. 北京：人民交通出版社，2004.
[212] 天津市顺昊科技有限公司，天津市华正岩土工程有限公司综合楼基桩监测报告 [R]. 天津：2004.
[213] 天津市勘察院，华正园岩土工程勘察报告 [R]. 天津：2003.
[214] Itasca Consulting Group. Fast lagrangian analysis of continua in 3 dimensions [M]. MN，USA：

Itasca Consulting group，Minneapolis，2002.
[215] 罗战友，董清华，龚晓南. 未达到破坏的单桩极限承载力的灰色预测 [J]. 岩土力学，2004，25（2）：304-307.
[216] 周国林. 单桩极限承载力的灰色预测 [J]. 岩土力学，1991，12（1）：37-43.
[217] 邓聚龙. 灰色系统基本方法 [M]. 武汉：华中工学院出版社，1987.
[218] 邓聚龙. 灰理论基础 [M]. 武汉：华中科技大学出版社，2002.
[219] 肖宏斌，阮波. 大直径桩承载力的灰色预测方法 [J]. 株洲工学院学报，2002，16（4）：58-60.
[220] 天津市建筑科学研究院地基所，南开大学学生公寓 9 号楼基桩检测报告 [R]. 天津：2006.
[221] 天津兴油建筑工程技术有限公司，天津开发区八大街蓝领公寓工程（1 号楼）[R]. 天津：2007.
[222] 天津天石伟业建筑工程检测有限公司，唐山篮欣玻璃有限公司在线镀膜生产线一期工程——原料车间 [R]. 唐山：2007.
[223] Poulos H G. Analysis of the settlement of pile groups [J]. Geotechnique，1968，18：449-471.
[224] Chow Y K. Analysis of vertically loaded pile groups [J]. International Journal for Numerical and Analytical Methods in Geomechanics，1986，10（1）：59-72.
[225] Shen W Y，Chow Y K，Yong K Y. Practical method for settlement analysis of pile groups [J]. Journal of geotechnical and geoenvironmental engineering，ASCE，2000，126（10）：890-897.
[226] Shen W Y，Teh C I. Practical solution for group stiffness analysis of piles [J]. Journal of Geotechnical and Geoenvironmental Engineering，ASCE，2002，128（8）：692-698.
[227] 费康，刘汉龙，周云东，等. 现浇混凝土薄壁管桩单桩性状简化分析 [J]. 河海大学学报（自然科学版），2004，32（1）：59-62.
[228] 费康. 现浇混凝土薄壁管桩的理论与实践 [D]. 南京：河海大学，2004.
[229] 左威龙. 浆固碎石桩承载性状试验研究与分析 [D]. 南京：河海大学，2008.